水电企业
智慧化运行与管理
——大渡河流域探索与实践

涂扬举　著

中国水利水电出版社
www.waterpub.com.cn
·北京·

内 容 提 要

本书针对大渡河流域生产运行和管理面临的诸多挑战,提出了多要素业务量化、多源数据集成集中、多目标智能协同的解决思路,推进了大渡河流域水电运行与管理的智慧化,实现了大渡河流域千万级电站群的智能自主运行。本书内容包括大渡河流域概况、运行与管理面临的挑战、智慧化运行与管理规划、梯级水库群运行智慧化、流域电力调度智慧化、设备运检智慧化、水工建筑物运行智慧化、流域生态环境保护智慧化和企业管理智慧化。

本书立足水电提供了企业智慧化运行和管理的全新技术与思路,可供水电企业生产运行、经营管理、工程建设等相关领域的科研技术和管理人员阅读,也可供不同领域企业在数字化转型过程中参考借鉴,还可供水利行业相关专业的大专院校师生阅读。

图书在版编目(CIP)数据

水电企业智慧化运行与管理:大渡河流域探索与实践 / 涂扬举著. -- 北京:中国水利水电出版社,2021.10(2025.3重印).
ISBN 978-7-5226-0219-6

Ⅰ. ①水… Ⅱ. ①涂… Ⅲ. ①大渡河-流域-水利水电工程-工程管理 Ⅳ. ①TV752

中国版本图书馆CIP数据核字(2021)第219576号

书　　　名	水电企业智慧化运行与管理 ——大渡河流域探索与实践 SHUIDIAN QIYE ZHIHUIHUA YUNXING YU GUANLI
作　　　者	涂扬举 著
出版发行	中国水利水电出版社 (北京市海淀区玉渊潭南路1号D座　100038) 网址:www.waterpub.com.cn E-mail:sales@mwr.gov.cn 电话:(010)68545888(营销中心)
经　　　售	北京科水图书销售有限公司 电话:(010)68545874、63202643 全国各地新华书店和相关出版物销售网点
排　　　版	中国水利水电出版社微机排版中心
印　　　刷	北京中献拓方科技发展有限公司
规　　　格	170mm×240mm　16开本　11.75印张　164千字
版　　　次	2021年10月第1版　2025年3月第2次印刷
定　　　价	**96.00元**

作 者 简 介

　　涂扬举，福州大学本科毕业，四川大学工学博士，四川大学客座教授，教授级高级工程师，享受国务院政府特殊津贴待遇专家。从事水电建设和运营管理 30 余年，现任国能大渡河流域水电开发有限公司党委书记、董事长、智慧企业研发中心主任。曾参加国家自然科学基金等重点科研生产项目 10 余项，在国内核心期刊发表学术论文 40 多篇，出版了《智慧企业框架与实践》《智慧企业概论》《水电企业电力营销风险管理》《瀑布沟水电站》等专著，获得省部级以上科技成果奖励 20 余项。对智慧企业建设有深入的研究，在业界首次系统提出了建设智慧企业的思路，首次系统阐述了智慧企业理论体系和框架，并首次在大型国有企业对其应用实践。曾获第 24 届国家级企业管理创新成果一等奖、2018 年中国产学研合作创新成果一等奖、2018 年度"发明创业成果奖"一等奖、四川省科学技术进步奖一等奖等，以及 2017 年度中国能源创新企业家、2017—2018 年度全国优秀企业家、2020 年全国劳动模范、2020 年天府创新领军人才等荣誉。

序　一

　　人工智能作为一项关键技术得到了极其广泛的应用，正在推动社会治理、企业管理等领域发生深刻的变革。作为一项战略性技术，人工智能早已成为世界多国政府科技投入的聚焦点和产业政策的发力点。党中央、国务院十分重视 AI 的发展，2017 年 7 月国务院印发的《新一代人工智能发展规划》拉开了我国人工智能 2.0 走向新阶段的序幕。时至今日，人工智能 2.0 技术在大数据智能、群体智能、跨媒体智能、人机混合增强智能、自主智能系统五大发展方向上已经得到长足发展。智慧企业是人工智能在企业生产、运行和管理方面的系统应用。我原以为这样一个以人工智能 2.0 为特征的企业，会首先出现在汽车等先进制造比较发达的行业，但让我感到既惊讶又高兴的是，中国首先出现的智慧企业居然是在大渡河流域，一家传统水电开发企业。

　　在过去的几年里，大渡河水电开发公司把大数据智能用在很多地方，比如环境灾害监测、梯级经济调度、水电工程建设、电站设备管理、企业运营管控等，打造了一个面向未来水电企业智慧化运行和管理的新模式，创造了巨大的经济效益，亦对国内其他企业形成了良好的标杆效应，2018 年智慧企业推进委员会成立之初，大渡河水电开发公司因其先进的创新理念、富有成效的创新成果成为中国智慧企业建设成果的典型案例。我经常拿大渡河的这个案例来和大家分享，但寥寥数笔写不出大渡河这些年智慧化建设的全部精彩。这本书的出版正是时候，它记录了大渡河如何抓住重要的时机、突破技术攻关，成功数字化转型，展现了一个中国企业如何在人工智能 2.0 时代，用好"头雁"效应，勇闯"无人区"，实现水电企业的智能化升级，呈现出时代所呼唤的高水平创新性发展。

　　未来十年将是我国人工智能发展的关键时期，它将催生更多的新技术、新产品、新业态，使生产生活走向智能、供需匹配趋于优化、专业分工更加精准，并引发经济结构的重大变革。中国的人工智能 2.0 发展，既要提出新的理论，又要产生创新技术，还应有突破性的应用场景。大渡河流域在这些方面做得很好，让我们看到了人工智能 2.0 在企业智慧化运行与管理方面所产生的实实在在的效果。我们呼吁更多的企业参与进来，使我们的科研机构、政府和产业之间形成一种新型协作体系，共同推动中国新一代人工智能的大步创新与发展。

中国工程院院士　潘云鹤

2021 年 10 月

序　二

　　大渡河智慧企业建设的成就目前已经为很多人所知，我有幸在2015年就参与了"大渡河智慧企业"的战略研究咨询与总体规划，见证了这一伟大工程的启航。仅仅几年时间，大渡河流域不仅成为了国内水电行业智慧化发展的标杆，而且在其他行业也产生了巨大的影响力，吸引了国内外有关人士的参观和学习。近日，欣闻涂扬举先生将其带领公司多年来在流域运行与管理智慧化方面的创新实践成果编写成书，拜读之余，颇有收获，略谈一二感想。

　　自新中国成立以来，中国水电工程不仅在筑坝等水电工程建造技术方面领先世界，而且在电站运行及全生命周期管理等方面，也处于世界前列。特别是近年来云计算、大数据、物联网、人工智能等技术的发展和应用，更是让传统水电插上了智慧的翅膀。本书所述的大渡河流域智慧化运行与管理正是中国水电近年来的数字化转型和智能化应用的典型案例。

　　本书针对大渡河流域生产运行和管理面临的诸多挑战，围绕在水库运行方面如何精准预测、有效防洪、防范库岸地灾；在发电调度方面如何经济运行、安全运行及应对市场变化；在设备运检方面如何防止非停从而避免事故；在水工建筑物运行方面如何实时了解、提前预警及精准维修；在企业管理方面如何科学决策、提高效率从而将员工从艰苦重复劳动中解放出来等问题，提出了多要素业务量化、多源数据集成集中、多目标智能协同的解决思路，实现了大渡河流域千万级电站群的智能自主运行，不仅提升了经济效益，更解决了从业人员长期在艰苦地区作业的问题，提升了从业人员的幸福感、获得感。我们欣喜地看到，这种水电运行与管理已经呈现一种全新的形态，成为中国水电展示给世界的一张崭新"名片"。

大渡河流域智慧企业建设让我们认识到，大型水电工程建设、运行和管理的数字化转型、智能化应用，是一个重要的学术研究新领域，本书就是极具价值的研究案例，希望专家学者和管理人员能够密切关注这些新变化，深入探索，共同书写我国数字化转型和智能化应用新篇章。

中国工程院院士　钟登华

2021年9月23日

这本书的创作发行，历经三年时间，得到了 Biswas 教授❶及其夫人 Cecilia 博士❷的鼓励与指导。在此，向他们致以崇高敬意！

回望编写过程，特别是与 Biswas 教授及其夫人 Cecilia 博士交往的过程，觉得甚为精彩，愿与各位读者回顾分享。

初次见面

2018 年 10 月 17 日，我受邀参加中国水利水电科学研究院组建 60 周年庆祝活动，并在"水系统调度国际研讨会"上作了关于水电企业智慧化的报告，Biswas 教授和夫人 Cecilia 博士也参加了这次会议，并作了另一个主旨报告，教授夫妇对我的报告非常感兴趣，并

❶　Asit K Biswas 教授，加拿大人，主要从事水资源与环境管理研究，国际公认的水环境管理领域的权威。早在 20 世纪 80 年代初，就受到邓小平等国家领导人邀请来华开展南水北调工程的咨询工作。现任英国格拉斯哥大学特聘客座教授和副校长的高级顾问，国际水资源协会和世界水理事会创始人之一，曾任国际水资源协会主席，担任 20 个国家和政府、6 任联合国机构负责人高级顾问以及多个国际组织和机构秘书长。先后获得了被誉为水研究领域诺贝尔奖的"Stockholm Water Prize"以及加拿大、西班牙、英国和印度等国的政府奖励，被汤森路透评为"水科学领域最具思想的十大国际领军人物"。

❷　Cecilia Tortajada 博士，墨西哥人，主要从事水与环境、粮食与能源安全等多学科交叉研究。现任英国格拉斯哥大学教授，是国际知名的水资源、环境与农业管理专家，联合国环境规划署、联合国粮食与农业组织等多个联合国机构、加拿大国际发展中心、世界银行、亚洲发展银行等多个国际组织以及西班牙、德国、巴西等十余个国家政府顾问，国际 SCI 期刊 *International Journal of Water Resources Development* 主编以及多个国际 SCI 期刊副主编、编委。

通过主办方获得了我的联系方式。10月21日，Biswas教授正好在成都讨论 *International Journal of Water Resources Development*（国际水资源开发）专刊，于是便有了我们的第一次会面。会面中，我们对水电企业的人工智能应用场景进行了探讨，他对大数据、人工智能等新技术在水电企业的应用表现出浓厚的兴趣，对大渡河智慧企业建设成果倍感震撼，与我相谈甚欢。临别之时，我将2016年出版的拙作《智慧企业——框架与实践》相赠，但内心不免忐忑，不知不会中文的Biswas教授是否愿意花时间去了解这样一本中文书。

作者与Biswas教授及其夫人Cecilia博士在成都会面

发轫之始

本以为自此一别，不知何时才能和Biswas教授及其夫人Cecilia博士再度联系，没想到三个多月后，竟收到了教授来自新加坡的邮件，邮件中教授的回复令我惊喜。原来教授将书交予其一位中国同事阅读，那位同事读罢便立刻兴奋地向教授介绍了书的内容，告诉他这是一本很好的书，并且还从没有看过类似的英文书籍出版。教授给我发了邮件，建议我可以着手写一本英文书，讨论关于人工智能技术在水电管理中的应用，这样的书是对英语世界水电智慧化运行与管理知识的极好补充，一定会在英文世界里备受欢迎。

Biswas 教授高度的肯定实在激动人心，他认为中国在这个新兴领域的发展遥遥领先于世界其他地区。如果能在英文世界出版一本介绍中国水电最新发展的书籍，那将是一件多么令人振奋的事情，但困难程度也可想而知。

正当我还在犹豫的时候，Biswas 教授发来了第二封邮件，距上一封邮件仅仅两天。邮件中，教授再次强调，英语世界的水电专业人士会非常欣赏这样主题的书，特别是中国在水电管理中使用大数据和人工智能方面远远领先于西方。教授的回信无疑让我信心大增，这件事情的使命感足够让我克服一切艰难。于是，我很快做了编写的决定，并初拟了两个书名征求意见。Biswas 教授立刻回复了邮件，建议采用书名"水电企业智慧化运行与管理"（Intelligent Operation and Management of Hydropower Enterprises）。

意外中断

写书伊始，2019 年 2 月底就接到了上级安排我去北京参加近半年培训的通知，编写工作被迫中断。临近 6 月，我不得不向 Biswas 教授传达了书稿延期的消息。

Biswas 教授了解情况后，对书稿的延期表示理解，并有条不紊地对后续事宜进行了安排。教授还表示，愿意同他的夫人 Cecilia 博士一起在出版前对其进行校稿。

在这封邮件中，教授开始与我聊起了写书以外的事情。他告诉我，他和夫人 Cecilia 博士将在 9 月初再次来到中国，参加云南省政府在昆明举办的全球可持续发展论坛，他和 Cecilia 博士将会分别作主旨演讲，他们都十分期待和我见面。教授还和我谈起了对中国的感情，1980 年，邓小平先生邀请他来中国评估南水北调方案，这是他第一次来到中国，在为期六周的访问中，他爱上了中国，在之后的40年里，他每年至少访问一次中国，有时甚至是一年三次。

我为能结识这样的国际友人而荣幸，也被教授和Cecilia博士对中国的深厚感情所感动。此后，我们保持每月至少一次的往来通信，在往来邮件中聊起了更多写书以外的事情，也逐渐建立起了深厚的友谊。

湖畔重逢

2019年8月底，我收到了Biswas教授发来的邮件，他将和夫人于9月2—6日到访昆明。距第一次和教授的见面已经过去了快一年，我十分期待和教授再次见面，了解全球可持续发展的最新动态，一起探讨水电智慧化管理的最新思路，商讨后续的工作计划。于是我立刻协调行程，前往昆明与教授见面。

2019年9月5日，我在距离昆明机场约70分钟车程的抚仙湖畔再次见到了Biswas教授及其夫人Cecilia博士。我向他们介绍了近一年我们在水电智慧化运行与管理方面取得的一些新成果，教授

作者与Biswas教授及其夫人Cecilia博士在昆明会面

迫不及待地希望这些成果赶快在书中呈现出来。于是我们就书稿的编写计划和其他事宜进行了深入的讨论，我向教授介绍了书稿的提纲、编写过程中遇到的困惑以及下一步的编写计划。教授及其夫人Cecilia博士给了我很多鼓励和很好的建议，这次会面让我对后续的编写工作更加充满了信心。

南京再遇

湖畔重逢仅仅一个月后，Biswas教授就传来了将要再次来中国的好消息，他将应河海大学唐洪武教授邀请，于12月16—24日到南京，教授希望到时可以与我再次见面。

12月18日，我利用参加全国智慧企业峰会的机会，在南京与教授如约相见。这一次，我们就书稿的英文摘要和大纲进行了深入讨论，并重点围绕在人工智能时代智慧企业中人的地位进行了深入的探讨。Biswas教授表示，中国在传感器、人工智能、机器人和大数据分析方面领先于世界其他地区，且大渡河公司将部分员工培训

河海大学党委书记唐洪武教授和作者与Biswas教授在南京会面

转岗至科技板块就业，从而避免了人工智能等新技术应用引发失业的社会问题，这是一件了不起的事情。

会议之憾

在南京的见面后，2020 年 1 月 4 日，我收到了 Biswas 教授的邀约邮件，他邀请我参加吉隆坡国际水电会议。教授向我介绍说吉隆坡国际水电会议将于 2020 年 3 月 10—12 日举行，来自世界不同地区的 200 多名水电专家，以及来自世界银行和亚洲开发银行的专家将参加这样一场无比盛大的会议。英国的主办方请 Biswas 教授在 3 月 10 日就 2020 年后世界水电的未来发表开幕致辞。教授向主办方提议在开幕式中增加一场我的讲座，让我分享关于人工智能、数据分析等技术在水电管理中的应用，并说主办方对此表示强烈支持。教授还表示，即使我不能亲自参加会议，也希望我能把在本书中的主要内容转化成演讲内容发给他，他一定要在会议上分享出来。

虽然是一个特别临时的邀请，但在如此盛会中向世界展示中国水电企业的最新成果，对于我个人来说是巨大的荣幸，我给出了肯定的回复。Biswas 教授对我能参会这件事也十分兴奋。随后我收到英国主办方的正式邀请函。让我兴奋的还有，教授和 Cecilia 博士表示将于 4 月初来成都一周。

时间来到了 2020 年 1 月底，这是让全球都为之一颤的时间点，突如其来的新冠疫情打碎了年夜（2020 年 1 月 24），在随后的整个 2 月里，我国笼罩在疫情的阴霾中，我开始担忧吉隆坡国际水电会议与 Biswas 教授之约都会受此影响。2 月的最后一天，我收到教授的邮件，确认了此事。由于疫情的影响，吉隆坡国际水电会议将推迟，但新的日期难以敲定。

共渡疫情

新冠疫情是一场席卷全球的灾难，2020 年 3 月，全球确诊人数已超过 10 万人，所以，疫情已经从 Biswas 教授对我单方面的关心变为一项我们共同探讨的话题了。在此后的一年里，我们多次交流中国和其他地方疫情控制的情况，Biswas 教授和夫人 Cecilia 博士还对中国的疫情控制进行了研究，从他们的专业视角给出了分析并撰写成文，我有幸成为了他这些文章的第一批中国读者之一。

2020 年 3 月 19 日，教授发来了他和夫人 Cecilia 博士应《中国日报》邀请撰写的关于新冠的文章，文中他分析了中国控制新冠病毒政策的优势和效果，并且将这些政策与 2003 年控制 SARS 暴发的尝试进行比较，发表了看法。教授夫妇对中国的了解程度之深令我刮目相看。

2020 年 6 月 25 日，教授和夫人 Cecilia 博士又发来了两篇文章：一篇是应《中国日报》邀请撰写的关于北京如何应对第二波新冠病毒看法的文章；另一篇是关于新冠疫情可能如何影响供水、废水管理和可持续发展目标的文章，这篇文章由辛迪加报业（Project Syndicate）以八种语言（包括中文）在全球发布。读罢，我再次感受到了教授夫妇极高的专业素养和开阔的眼界。

尘埃落定

本书在 2020 年 7 月就已完成了中文初稿，但我总是感到不满意，于是反复修改，直到一年以后才基本定稿。2021 年 8 月，中文版终于尘埃落定，我第一时间向 Biswas 教授传达了这个消息，教授十分兴奋。

考虑到全球疫情的形势，提出了"两条腿走路"的方案——中文版和英文版并行——先在国内发行中文版，英文版待翻译后再推向英文世界。教授同意了我的想法，并且表示会帮助我找到一个优秀的翻译。为此，教授花了很多时间和精力，甚至还在各大高校的中文校区投放了一些广告，寻找母语为英语但中文书写流利的翻译。

往来友情

本来写到这里就应该结束了，但在翻看这一来一往的邮件中，与 Biswas 教授在交流中的友情跃然呈现，一些琐碎的交流，尽是互相的情谊。于是不忍停笔，整理些许原文与读者分享。

2020 年 7 月 16 日："我们希望中国目前在成都地区以及大渡河流域的洪水形势可控。我们注意到许多地区的水位已经打破了历史纪录，甚至高于 1998 年灾难性的洪水。应《中国日报》的邀请，Cecilia 和我写了我们对当前洪水情况的看法，随信附上这篇文章，你可能会感兴趣。"

2020 年 10 月 15 日："我们的生活突然有了一些新变化。Cecilia 接受了格拉斯哥大学的研究教授职位，我已经在同一所大学担任特聘客座教授和副校长的高级顾问。虽然我可以远程履行我的职责，每年两次访问格拉斯哥即可，但 Cecilia 的任命意味着我们必须搬到格拉斯哥。因此，我们计划在 11 月中旬搬家。这将是一次新的冒险。但五十多年前，我在格拉斯哥开始了我的职业生涯，从这个意义上看，再次回去将会是一个很不错的新开始。"

2020 年 10 月 31 日："Cecilia 已接受格拉斯哥大学的聘用，担任其跨学科研究学院的全职研究教授，我将成为大学副校长的顾问。因此，11 月 20 日，我们将离开新加坡，搬到格拉斯哥。"

2021 年 4 月 13 日："上周，《中国日报》邀请 Cecilia 和我写一篇文章，描述我们对中国如何消除绝对贫困的看法，他们昨天发表了，随信附上供您阅读。它也是周一阅读量最多的文章，这让我们很开心。"

2021 年 7 月 10 日："我们已经有一段时间没有联系了。我们相信您、您的家人和您所有员工的一切都进展顺利。在英国，政府没有像中国应对新冠疫情那般成功。幸运的是，Cecilia 和我现在都成功接种了疫苗。应《中国日报》的要求，我们就中国到 2060 年实现碳中和的可能性发表了看法，随信附上。此外，今天《中国日报》发表了我们对过去 100 年来中国共产党做法的看法。他们现在邀请我们写一下我们对中国共产党到 2049 年，即中华人民共和国成立 100 周年所面临挑战的看法。我们正在认真思考，希望在 8 月初之前我们能完成。"

作者

2021 年 9 月

目 录

第 1 章

大 渡 河 流 域 概 况

大渡河，古称沫水，位于四川省中西部，是长江流域防洪体系的重要组成部分，是我国五大水电基地之一，不仅山川风光秀美，而且水能资源丰富，人文历史悠久。

1.1　水能资源蕴藏丰富

大渡河（图 1.1）是长江上游岷江的最大支流，发源于青海省境内的果洛山南麓，分东、西两源，东源为足木足河，西源为绰斯甲河，东源为主流。干流河道全长 1062km，总流域面积 7.77 万 km²，大致由北向南流经四川省金川、丹巴、泸定等县至石棉折向东流，再经汉源、峨边、沙湾等地，在草鞋渡接纳青衣江后于乐山市注入岷江。

大渡河流域位于青藏高原东南边缘向四川盆地西部的过渡地带，北以巴颜喀拉山与黄河分界；南以小相岭、大凉山与金沙江相邻；东以鹧鸪山、夹金山、大相岭与岷江青衣江分水；西以罗科马山、党岭山、折多山与雅砻江接壤。流域四周为崇山峻岭所包围，周界海拔一般为 3000m 以上，有许多海拔 4000~5000m 的山峰，中游的分水岭有一些较低的垭口，海拔在 2000m 左右，为水汽的主要通道。

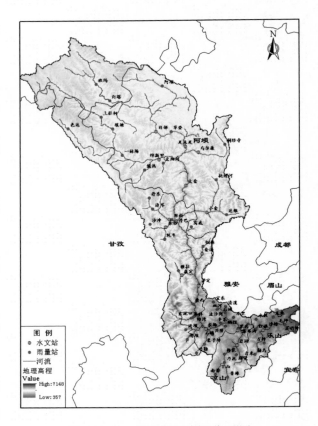

图 1.1　大渡河流域地理位置图

大渡河流域地跨 5 个纬度、4 个经度，海拔相差大，加之地形复杂，致使流域内气候差异很大。上游属亚寒带及寒温带气候，干湿季分明，长冬无夏，年平均气温为 6～12℃，由于海拔高又远离水汽源地，导致降水量较少，多年平均降水量仅为 700mm 左右。流域的中游属亚热带湿润气候区，气候随海拔的变化仍很明显，河谷地区四季明显，年平均气温为 13～18℃，多年平均降水量为 700～1200mm。流域下游有冬暖、夏热、秋凉和较为湿润的气候特点，水汽供应充足，降水量丰沛，多年平均降水量为 1300～2500mm。根据水文站观测资料统计，大渡河流域多年平均流量为 1500m³/s，多年平均径流量为 473 亿 m³，与黄河相当。

大渡河流域巨大的落差、丰沛的水量、狭窄的河谷，形成了丰富的水能资源，全流域水能资源理论蕴藏量高达 3459 万 kW，在我国十三大水电基地中名列第五；其中四川省境内水能资源蕴藏量达 3339 万 kW，占四川省各江河水能资源总量的 23.5%。令人瞩目的是大渡河干流双江口至铜街子这 593km 长的河段，天然落差达 1827m，水能蕴藏量为 1748 万 kW，占全流域的 50% 以上，平均每千米河长水能资源达到 3 万 kW。除大渡河干流水能资源丰沛外，绰斯甲河、小金川、瓦斯沟、田湾沟、南桠河、尼日河 6 条支流的水能蕴藏量均超过 50 万 kW。

1.2 人文历史源远流长

大渡河沿线青山绿水环绕、风景优美，其独特的自然地理条件适宜多样物种生存和人类群居，森林、草场和矿产资源均较为丰富，流域西岸的原始森林面积占四川省森林面积的 15.3%，木材积蓄量占四川省总量的 26.1%，盛产亚热带到温带的各类水果、药材和林副产品，在国际市场上享有盛誉。丰富的自然资源，养育着多民族的大渡河儿女，大渡河流域沿岸居住着汉、藏、彝、羌等多个民族，是我国第二大藏族聚居区、最大的彝族聚居区、唯一的羌族聚居区，形成了一条多民族交融的民族文化长廊（图 1.2）。

大渡河流域的人文名胜与众多自然景观相辅相成，有享誉中外的佛教圣地——峨眉山（图 1.3）、世界最大的古代石刻弥勒坐佛——乐山大佛（图 1.4）、"山中之王"——贡嘎山等。

位于大渡河下游河畔的峨眉山是我国佛教名山，最高海拔为 3099m，地处多种自然要素的交汇地区，植物种类多达 3200 种，动物种类超过 2300 种，以其雄、秀、奇、险而"秀甲天下"。峨眉山上多古迹和寺庙，所有建筑、造像、法器以及绘画等都展现出了浓郁的佛门宗教气息，文物丰富，多为稀世珍品。距离峨眉山 40km 的乐山市凌云山悬崖上，有一尊通高 71m 的石刻弥勒坐佛，即为世界闻名的"乐山

图 1.2　大渡河自然风光一隅

图 1.3　峨眉山金顶

图 1.4　大渡河与岷江交汇点——乐山大佛

大佛"，以它为核心的乐山大佛景区和峨眉山景区共同形成世界文化与自然双重遗产。乐山大佛位于大渡河、岷江和青衣江三江汇流处。相传 1300 多年前，此处汛期水势相当凶猛，常常造成船毁人亡的悲剧。佛门弟子海通心怀借佛力平息水患、保佑苍生的信仰，历经艰辛、众筹聚力发起动工，先后经过三代工匠、历时 90 年时间建成大佛。乐山大佛至今仍屹立于三江交汇处，颇具古代东方佛教的奇妙色彩。

大渡河流域最奇幻的美景之一还要数贡嘎雪山，在藏语中意为"最高的雪山"，是横断山脉中大雪山的主峰，海拔为 7556m，极目远眺恍如一座规模巨大的金字塔巍然屹立在群峰之上。对于登山者而言，贡嘎山（图 1.5）具有无与伦比的吸引力，它也因此得到了"山中之王"的美誉。贡嘎山景区由海螺沟、燕子沟、木格错、五须海、贡嘎南坡等组成，为国家级风景名胜区。贡嘎山地区为少数民族地区，区内有贡嘎寺、塔公寺等藏传佛教寺庙，游客可领略到藏族、彝族等丰富多彩的民族风情。

这条美丽富饶的河流还是我国古代西南丝绸之路与茶马古道的必经之地，也是历代兵家必争之地，充满了历史文化底蕴和传奇色彩。在这里发生过许多脍炙人口的历史故事：诸葛亮"七擒孟获"、乾隆"平定金川"、翼王石达开悲壮覆灭等，尤其是近代中国工农红军在大

图 1.5 山中之王——贡嘎山

渡河的英勇表现，为中国革命史写下了光辉一页——有在安顺场强渡大渡河的背水一战，有在大渡河飞夺泸定桥（图 1.6）的英雄壮举，有在大渡河沿岸"爬雪山、过草地"的艰难史诗。

图 1.6　大渡河泸定桥横铁索寒

1.3　水电开发成效初显

1.3.1　流域规划

为了开发利用大渡河流域丰富的水能资源，我国于 20 世纪 50 年代便开始了对流域的普查、规划和勘测设计工作，明确干流开发任务以发电为主，兼顾防洪、航运、灌溉。截至 2020 年年底，干流规划形成 3 库 28 座梯级水电站的开发方案，下尔呷水库为"龙头"水库，双江口水库为上游控制性水库，瀑布沟水库为中游控制性水库。流域规划总装机约 2700 万 kW，设计年总发电量约 1160 亿 kW·h，约占四川省水电资源总量的 24%，年发电量相当于可节约 3526 万 t 标准煤，年减排二氧化碳 9238 万 t，流域的水电开发对整个四川省的电力建设以及流域沿岸的环境生态保护、区域经济和社会协调发展有着重要意义。大渡河流域梯级水电开发规划如图 1.7 所示。

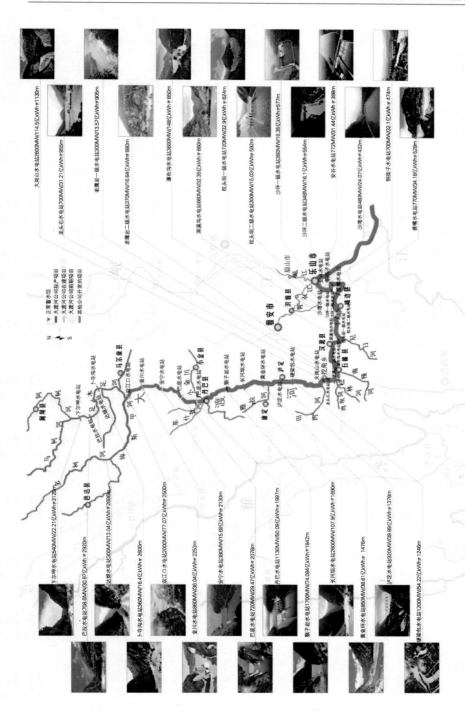

大岗山水电站2600MW/114.5亿kWh/1130m

龙头石水电站700MW/32.21亿kWh/965m

老鹰岩水电站370MW/16.64亿kWh/880m

老鹰岩一级水电站660MW/32.35亿kWh/660m

深溪沟水电站360MW/14.8亿kWh/850m

枕头坝一级水电站720MW/32.9亿kWh/624m

枕头坝一级水电站300MW/15.03亿kWh/592m

沙坪一级水电站360MW/16.35亿kWh/577m

沙坪水电站348MW/16.1亿kWh/554m

安谷水电站772MW/31.44亿kWh/398m

安谷水电站480MW/24.07亿kWh/432m

铜街子水电站700MW/32.1亿kWh/474m

黄锦水电站770MW/34.18亿kWh/528m

下尔呷水电站540MW/22.21亿kWh/3120m多

下尔呷水电站708.6MW/30.87亿kWh/2920m

巴拉水电站708.6MW/30.87亿kWh/2920m

达维水电站3300MW/13.04亿kWh/2600m

卜寺沟水电站360MW/16.4亿kWh/2253m

双江口水电站2000MW/77.07亿kWh/2500m

金川水电站720MW/15.69亿kWh/2130m

安宁水电站380MW/29.47亿kWh/2078m

巴底水电站720MW/29.47亿kWh/2078m

巴拉水电站1700MW/74.09亿kWh/1842m

丹巴水电站1130MW/50.09亿kWh/1997m

猴子岩水电站1700MW/74.09亿kWh/1842m

长河坝水电站2600MW/107.9亿kWh/1690m

黄金坪水电站2600MW/38.61亿kWh/1476m

泸定水电站3200MW/39.89亿kWh/1378m

硬梁包水电站1200MW/54.22亿kWh/1246m

图1.7　大渡河流域梯级水电开发规划图

1.3.2 开发投产

大渡河流域独特的自然地理条件和大量优质的水能资源，决定了其开发条件的优越性。同时，大渡河干流紧邻四川电网负荷中心，多数电站距成都直线距离均在 200km 左右，被誉为四川水电的"一环路"，对保障四川电网安全稳定运行有得天独厚的优势。

1966 年，大渡河流域水电开发首战在位于乐山市的龚嘴水电站正式打响，在主要依靠人工建设的时代，经过几年的艰苦奋斗，1971 年在奔腾汹涌的大渡河之上建起了 85.5m 高的混凝土重力坝，建成大渡河上首座水电站——龚嘴水电站，装机容量为 70 万 kW，对四川电力系统的安全稳定运行发挥着重要作用。

经过几代水电建设者们对大渡河流域近半个世纪的建设，截至 2020 年年底，大渡河流域干流已建成 14 座水电站，投产装机约 1744 万 kW，平均每年可向社会输送约 757 亿 kW·h 清洁水电。另外，双江口、金川、硬梁包、枕头坝二级、沙坪一级 5 座水电站已开工建设，9 座水电站正在开展前期工作，形成了投产、在建、筹建稳步推进的可持续发展局面。

自从大渡河开发以来，建成了多座标志性水电工程，如"国际里程碑工程"——186m 的瀑布沟（图 1.8）砾石土心墙堆石坝，世界抗震标准最高大坝——210m 的大岗山拱坝（图 1.9）等。目前，正在建设世界第一高坝——315m 的双江口砾石土心墙堆石坝。在大渡河流域投产机组中，有冲击式、混流式、轴流转桨式和灯泡贯流式等多类机型。因其标志性的水电工程和多样的大坝及机组类型，大渡河被业内誉为"水电博物馆"。

1.3.3 运营管理

国家电力体制改革后，大渡河干流出现了多业主开发的状态，详见表 1.1。其中，国家能源投资集团旗下的国家能源集团大渡河流域水

图 1.8　瀑布沟水电站

图 1.9　大岗山水电站

电开发有限公司（以下简称大渡河公司）主要负责大渡河干流 17 个梯级水电站的开发和运营管理，总装机约 1760 万 kW，约占干流规划装机容量的 70%。截至 2020 年年底，大渡河流域公司负责开发的猴子岩、大岗山、瀑布沟、深溪沟、枕头坝一级、沙坪二级、龚嘴、铜街子 8 座干流水电站已投产，投产总装机约 1110 万 kW。干流其他 11 座水电站由华能、大唐、中电建等企业投资开发，其中长河坝、黄金坪、泸定、龙头石、沙湾、安谷6座投产水电站装机容量共634.2万 kW。大渡河流域水电站规划及开发情况见表1.1。

表1.1 大渡河流域水电站规划及开发情况

序号	项目	建设地点	坝（闸）距河口距离/km	调节性能	装机容量/万 kW	前期工作与建设状况	开发主体
1	下尔呷	阿坝	797	多年	54	前期工作	中电建集团水电公司
2	巴拉	马尔康	766		56	前期工作	
3	达维	马尔康	748		36	前期工作	
4	卜寺沟	马尔康	700		30	前期工作	国家能源集团四川公司
5	双江口	马尔康、金川	650	年	200	在建	国家能源集团大渡河公司
6	金川	马尔康、金川	616	日	86	在建	
7	安宁	金川	580	日	38	前期工作	
8	巴底	丹巴	545	日	72	前期工作	
9	丹巴	丹巴	528	日	119.66	前期工作	
10	猴子岩	康定、丹巴	468	季	170	已建	
11	长河坝	康定	423	季	260	已建	中国大唐集团四川公司
12	黄金坪	康定	407	日	85	已建	
13	泸定	泸定	375	日	92	已建	中国华电集团四川公司
14	硬梁包	泸定	351	日	111.6	在建	中国华能集团四川公司
15	大岗山	石棉	314	日	260	已建	国家能源集团大渡河公司

续表

序号	项目	建设地点	坝（闸）距河口距离/km	调节性能	装机容量/万 kW	前期工作与建设状况	开发主体
16	龙头石	石棉	294	日	72	已建	龙头石水电公司
17	老鹰岩一级	石棉	275	日	22	前期工作	国家能源集团大渡河公司
18	老鹰岩二级	石棉	263	日	35	前期工作	
19	瀑布沟	汉源	194	年	360	已建	
20	深溪沟	汉源	177	日	66	已建	
21	枕头坝一级	金口河	152	日	72	已建	
22	枕头坝二级	金口河	148	日	32.6	在建	
23	沙坪一级	峨边	142	日	38	在建	
24	沙坪二级	峨边	129	日	34.8	已建	
25	龚嘴	乐山	93	日	77	已建	
26	铜街子	乐山	65	日	70	已建	
27	沙湾	乐山	50	无	48	已建	中电建集团圣达公司
28	安谷	乐山	15	日	77.2	已建	

　　大渡河流域水电是四川电网的主力军。截至 2020 年年底，装机容量达 2186 万 kW，占四川电网统调装机容量的 36%。其中，大渡河干流投产水电装机容量为 1744 万 kW，占四川电网统调装机容量的 29%。同时，瀑布沟、大岗山、猴子岩等多座大型水电站承担着四川电网调峰调频任务，保障着电网安全稳定运行，被誉为四川电力供应的稳定器和压舱石。

　　由于大渡河流域水电在四川电网的特殊地位，其安全运行、科学运行、经济运行的要求更高。为此，大渡河流域积极应对挑战，主动拥抱新技术、新工艺、新材料的发展，大力推进数字化转型，广泛应用大数据和人工智能技术，闯出了一条智慧化运行与管理的全新之路。

第 2 章

运行与管理面临的挑战

保障水电站安全、经济运行，是水电企业可持续发展的基础，也是水电企业在运行与管理过程中的首要任务。由于特殊的自然、地理和人文环境，大渡河流域水文气象复杂、地震地灾频发、生态环境脆弱、生产条件艰苦，水电企业运行与管理面临着诸多挑战。

2.1 生产运行面临的挑战

2.1.1 水文气象复杂

大渡河流域四周为崇山峻岭，地形复杂，上、中、下游地区自然地理特征和气候特点差异很大，具有水情时空分布不均、流量变幅大、洪水承载能力差等特点。流域洪水主要由降水形成，每年降水天数一般为 100～170 天。中下游的部分地区年降水天数可达 180 天以上；上游地区降水具有量大而历时长的特点，一次洪水过程历时为 5～7 天，若遇大面积和长历时降雨可形成特大洪水；中、下游常发生暴雨，最大日降水量在 1000mm 以上，且由于高山纵横不利于暴雨的空间扩展，形成的局部地区性暴雨较多，暴雨洪水地区分布的不一致性十分明显，大渡河流域年降水量空间分布如图 2.1 所示。

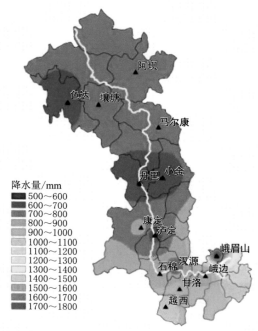

降水量/mm
- 500～600
- 600～700
- 700～800
- 800～900
- 900～1000
- 1000～1100
- 1100～1200
- 1200～1300
- 1300～1400
- 1400～1500
- 1500～1600
- 1600～1700
- 1700～1800

图 2.1　大渡河流域年降水量空间分布

　　大渡河流域水文气象的复杂性给气象水情预报、防洪减灾、兴利调度带来了巨大的挑战，特别是洪水的科学调控将直接关系到四川省阿坝州、甘孜州、雅安市、乐山市等地的防洪安全和经济发展，乃至影响到长江中下游的防洪成效。流域的运行管理不仅要考虑全流域的防洪减灾问题，还要考虑通过水资源的优化调度来实现经济效益最大化的目标。因此，如何在水文气象复杂的情况下科学兼顾安全性与经济性，成为流域电站群运行与管理的重要课题。

2.1.2　地震地灾频发

　　大渡河流域地处青藏高原与四川盆地的过渡地带，位于鲜水河、安宁河和龙门山三大断裂带影响区域（图 2.2），地质条件复杂，为地震地质灾害高发易发区。据不完全统计，已发生 6～7 级地震 137 次，其中 7 级以上地震 38 次，包括 2008 年 "5·12" 汶川 8.0 级地震、2013 年 "4·20" 芦山 7.0 级地震、2017 年九寨沟 7.0 级地震等，频繁的地震导致流域沿线地质结构更加脆弱，更易发生地质灾害，容易导致道路中断、河道拥塞、设备设施损坏，甚至人员伤亡。

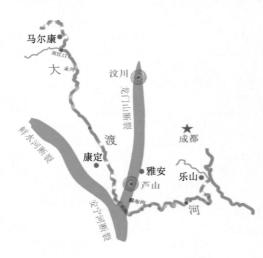

图 2.2　三大断裂带位置示意简图

2014 年 10 月，由中国地质调查局成都中心进行的大渡河重点地区地灾调查结果表明，大渡河干流存在地质灾害隐患 2521 处，其中泥石流 785 处，滑坡 913 处，崩塌 430 处，潜在不稳定斜坡 393 处。以上这些地震地质灾害隐患严重威胁着流域公共安全，一旦发生，将会危害周边群众生命和财产安全，直接威胁流域从业员工人身安全和电站设备设施安全。

如何有效防范、最大限度地减少地震地质灾害带来的生命和财产损失，是摆在大渡河流域电站群运行与管理面前的一项紧迫而艰巨的任务。

2.1.3　生态环境脆弱

大渡河流域地形地貌复杂、气候条件特殊、地质结构不稳定，上游区域植被类型单一且覆盖度极低，岩石多为冰雪覆盖及裸岩，各类自然生态系统的生物量低、系统结构简单、协调性差、易遭受破坏并难以恢复，流域生态环境十分脆弱。为此，大渡河流域提出了 "与青山绿水为伴、让青山绿水更美" 的环保理念，把流域生态环境保护和治理作为大渡河流域电站群运行与管理的一项重要任务。

2.1.4 厂坝类型多样

大渡河流域干流规划了 28 个梯级水电站，大坝类型涵盖了重力坝、面板堆石坝、砾石土心墙堆石坝、双曲拱坝等，具有高坝大库的特点，加之流域地质结构复杂、岸坡稳定性差，增加了大坝安全风险。如果大坝发生任何安全问题，可能严重影响大渡河流域乃至长江流域的公共安全。因此，如何安全、高效、可靠地管控众多电站大坝及库岸安全，是流域电站群运行与管理面临的又一个重大课题。

瀑布沟堆石坝如图 2.3 所示。

图 2.3　国际里程碑工程——186m 瀑布沟堆石坝

2.1.5 设备差异性大

大渡河流域水电开发时间跨度大。1971 年龚嘴水电站首台机组投产发电，随后半个世纪内多座电站逐步投产，设备运行年限横跨 50 年以上。新旧电站设备在设计理念、制造技术、安装质量等方面均存在较大的差异，随着老电站设备日益老化、可靠性下降，设备安全稳定运行的挑战也逐年增加。同时，各梯级水电站开发条件不同，主辅设备类型不同，性能参数差异较大，操作维护方法各异，流域电站群的设备运行管理任务艰难。

2.1.6　市场变革加速

2015 年，我国启动了新一轮电力体制改革，"发、输、配、售"环节加速分离。2017 年，大渡河所在的四川省作为首批 8 个试点省份开始推行现货市场。与其他省份不同，四川水电占比约 80%，水电是电力市场交易的主体。但水电具有来水不确定性大、上下游关联性强、发电变动成本低等特点，导致水电企业面临一系列的新挑战。如何提升来水预报精度并满足电力市场交易的需求？如何在市场环境下确保梯级发电负荷匹配，不增加梯级弃水损失？在市场竞争中如何避免非理性的恶性竞争，科学、合理地制定竞价策略？水电企业必须主动适应电力市场变革，构建强大的市场感知能力，准确预判市场趋势，科学制定竞价策略，使企业具备前瞻性的洞察能力、全局性的分析能力、科学性的决策能力，才能敏捷地应对外部环境变化，保障企业可持续健康发展。

2.2　企业管理面临的挑战

2.2.1　人的需求日益增多

传统电厂的运行维护、运行调度、设备检修以及行政管理等业务都需要现场处理，但大渡河的水电站普遍处于大山深处，远离社会发展的前沿城市，大批水电站员工必须长期坚守在远离家人、远离城市的工作现场，生活条件艰苦。随着生活水平的提高，员工对改善工作条件的期盼越来越高，个性化、多元化需求日益增多，舒适的工作环境等诉求日益强烈。与此同时，人们对工作岗位的价值追求也越来越迫切，现代社会发展为人们创造了更多更好的机遇和条件，仅靠传统思想政治工作和行政管理手段难以发挥过往的作用。

为此，企业需要将转变工作方式和改善员工工作条件统一起来，将员工从环境恶劣、机械重复、艰苦繁重的工作中解放出来，满足员工生活中的幸福追求和工作上的开拓进取，才是解决问题的根本之道。

2.2.2 物的内涵更加丰富

物与人是企业管理的两大基础要素，随着技术的不断革新，物的内涵也更加丰富，从大渡河流域管理现状来看，物的内涵变化主要体现在两个方面：一是在自身技术表现方面，设备信息化水平越来越高，原来单一的人工巡检模式、传统的操作方式和落后的管控手段已与之不适应，导致很多功能受到限制，技术效能很低甚至无法发挥；二是在体系协调运作方面，物渐渐从单一的机械体向以机器群体、数字系统等为代表的智能体发展，其自动化、数字化高度集成，以至于企业对系统协同运行的要求越来越高。但是，流域偏远地区的各个水电站之间有着天然的物理隔离，各自建设开发了大量相似但规范不一的应用系统，随着各个系统的长期独立运行，大量标准不统一的数据堆积进一步加剧了系统间的条块分割和信息孤岛，导致企业内各系统、各专业、各层级之间出现了严重的信息鸿沟，系统协同、互通互联的需求更加凸显。

显然，如果企业不能正确认知到物的内涵变化，并在管理层面做出相应变革，那么企业整体发展将会始终处于一种循环式的矛盾和制约中。

2.2.3 人与物的关系发生变化

在蒸汽时代、电气时代、信息时代三次工业革命进程中，人是主体，物是客体，人始终对物持有操作管控的绝对权力。进入人工智能时代，人和物的主客体关系发生了变化。比如，过去在水电站主要靠人来发现机器问题而后解决，从而保障电站的稳定运行，人一旦出现认知能力不足或责任心不强的工作状态，便可能给电站运行埋下不可估量的隐患。随着智能穿戴设备、各类高精度传感设备的出现，物开始帮助人们弥补现场人工巡检盲区，自动预警并管控人员不安全行为，此时物与人相互影响、协同纠偏，共同维护电站的稳定安全。物的地位从社会发展的纯粹客体，开始演变出了与人互为主客体的关系，企业管理不能继续停步在"人是主体、物是客体"的传统阶段，需要跟上步伐去适应这种关系的变化。

第 3 章

智慧化运行与管理规划

为了有效解决大渡河流域在水库运行、电力调度、设备运检、水工建筑物运行、流域管理等方面的诸多挑战，大渡河流域坚持创新发展理念，主动拥抱"云、大、物、移、智"等先进技术，于 2014 年在企业界率先提出了智慧企业的建设愿景和思路，并大胆在水电企业中进行智慧化运行与管理的探索与实践。

3.1 智慧化运行与管理总体思路

大渡河流域将云计算、大数据、物联网、移动互联、人工智能等先进信息技术与传统水电运营管理深度融合，打造以"数据驱动管理、人机交互协同"为核心的流域智慧化运行与管理的创新模式。首先，利用现代传感技术建立量化感知体系，实现气象水情、地质边坡、设备状态、大坝状态、生态环境等自动化感知，完成基于流域核心区域的多要素业务量化；其次，通过建设 4G/5G、WiFi 等末端传输网络、"电力光纤＋专用光缆"的主干光纤网络，实现数据的高效传输；然后，建立流域级大数据中心，实现多源数据的集中集成；最后，智能、高效地挖掘数据资源，构建模型算法库，以"多业务目标智能协同"

为核心，构建集梯级优化调度、电站运行、设备维护与检修、大坝与库岸安全管控、生态环境保护等为一体的流域智慧化运行与管理平台，优化变革传统水电企业管理模式，从而实现大渡河流域风险识别自动化、决策管理智能化、纠偏升级自主化的目标，以保障流域安全高效运行和效益持续提升。智慧化运行与管理总体思路如图 3.1 所示。

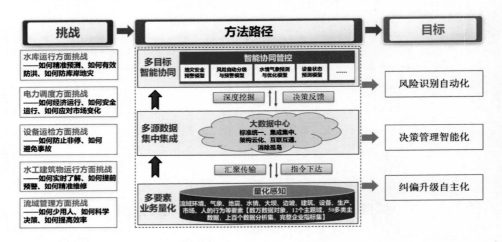

图 3.1　智慧化运行与管理的总体思路

3.1.1　多要素业务量化

多要素业务量化是实现流域智慧化运行与管理的基础。大渡河流域通过各种最新技术应用，厘清业务对象、环境、过程的感知要素，使企业关心的各项业务实现数字化，从过去定性描述、经验管理，转变为更加准确的数据描述、数据驱动管理。

截至 2020 年年底，大渡河流域已建立并逐步完善了一套基于大渡河流域业务特点的感知体系，开发应用了面向核心业务要素的物联感知技术，建立了 22948 个大坝及库岸边坡风险感知点、110 个水情遥测点、350 种数十万个监测点设备数据采集库等，逐步实现了流域设备运行、设备维护、梯级调度、环境监测等主要生产要素的业务量化和全方位动态感知。

3.1.2 多源数据集成

多源数据集成集中是实现流域智慧化运行与管理的前提。全流域要素经过全方位量化感知后形成了海量的多源异构数据，为了对这些多源异构数据实现标准化集中管控和互通互联，大渡河流域公司利用5G、云存储、云计算、大数据等先进技术，建设了统一集成部署的大数据中心。大数据中心是面向流域建设的，实现了全流域多源数据存、管、用等环节的统一和规范管理，促进了应用系统规范开发与管理，避免了业务系统独立建设，规避了大量应用烟囱，有效消除数据孤岛和信息碎片。

大渡河流域大数据中心数据治理及分析平台架构如图 3.2 所示。

图 3.2　大渡河流域大数据中心数据治理及分析平台架构简图

大渡河流域大数据中心是实现流域多源数据集中集成的基础平台。通过数据汇集、数据治理、供数服务，实现了全流域信息资源按需弹性分配，从纵向维度实现基层单位—专业部门—决策指挥的数据顺畅流动，从横向维度实现跨专业、跨业务的数据共享，使得企业应用部署更高效、数据存储更安全、数据交换更快捷、资源利用更有效，为多业务智能协同提供了保障和支撑。

3.1.3　多目标智能协同

多目标智能协同是实现流域智慧化运行与管理的关键。大渡河流域围绕各类业务管控目标，对集成集中形成的企业大数据进行挖掘和开发，创建各类智能应用模型，形成自动识别风险、智能决策管理及智能协同控制的"云脑"。

水电企业的生产经营是一个系统工程，需要统筹考虑气象水情、设备运检、电力市场、梯级调度，这些业务必须高效协同、达成统一目标，才能整体提升企业管理水平和经济效益。为加快大渡河流域的多目标智能协同，大渡河流域公司每年举办大数据建模竞赛，激励全体员工集智创新，创建了数百个涵盖工程建设、电力生产、企业管理等领域的各类算法模型，逐步实现了气象水情精准预测、设备状态科学评估、梯级电站科学调度、地质灾害及时预警、大坝安全全面评估的流域智慧化运行与管理。

3.2　智慧化运行与管理体系架构

大渡河流域承担着流域多电站的运行与管理，包含单电站管理、电站群管理和流域企业管理三个层次，为此设计了智慧化运行与管理的体系架构，如图 3.3 所示。

智能化系统和企业各层级的要素结合，形成了虚实结合、智能自主、人机协同的体系架构，具有自动预判、自主决策、自我演进的特征和能力，这些能力分别在单电站运行管理、电站群运行管理和流域企业管理三个层次又有不同的表现。

3.2.1　单电站智能自主运行

大渡河流域构建了全流域大感知、大传输、大存储体系，依托自身的大计算、大分析能力规划了智能自主运行体系，设计了自主运行、

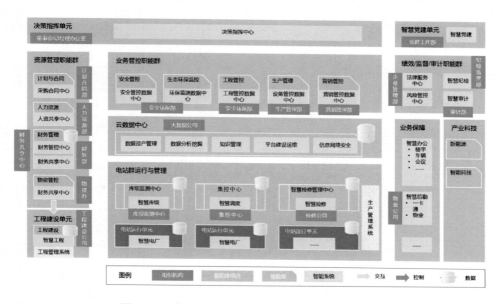

图 3.3 大渡河智慧化运行与管理的体系架构

智能巡检、远方操控、现地应急的智能自主电站。

（1）智能自主运行体系规划

大渡河水电站智能自主运行体系包括两个方面：一方面是电站现地依托综合数据平台、智能巡检机器人、智能安全帽、智能安全锁等新系统、新设备应用，实现现地自主运行、智能巡检、现地应急；另一方面，远方依托集控中心、库坝安全中心、设备管控中心、安风管控中心等流域级的生产管控中心，实现远程操控。大渡河单电站智能自主运行体系如图 3.4 所示。

1）正常运行工况下智能自主运行水电站运行模式：基于计算机监控系统、保护系统等常规工控系统，水电站结合综合数据平台的多系统联动模块、智能巡检系统和集控中心"一键调"智能调控系统等智能化应用，实现水电站自主运行、智能巡检和远方操控，提升电站自主运行水平，降低水电站运行过程对现场人员的依赖。

2）异常运行工况下智能自主运行水电站运行模式：设备管控中心通过智能巡检、在线监测等系统，实现设备信息全面感知，并应用智

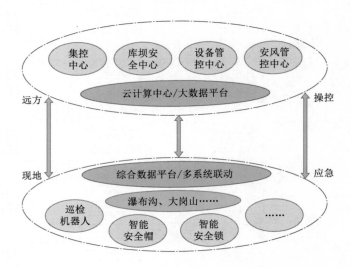

图 3.4　大渡河单电站智能自主运行体系

能分析技术，实现设备健康状态预测、预警；安风管控中心通过智能安全帽、智能安全锁、工业视频监控，实现人的行为感知，并对人的不安全行为进行预警和干预；流域库坝安全中心通过库坝和地灾监测系统，对大坝和岸坡等风险进行及时分析和预警。现地应急队伍及集控中心根据预警信息和应急预案及时进行应急处置。

（2）智能自主电站设计

大渡河智能自主电站按照自主运行、智能巡检、远方操控、现地应急进行设计。

1）自主运行。建设厂站级综合数据平台，消除电站生产系统间的数据壁垒，实现多系统数据互联互通；构建水电站多系统联动控制策略，开发数据及消息驱动的多系统联动功能，在确保安全的前提下打破系统界限；利用计算机监控系统、通风控制系统、消防系统、工业电视、门禁安防、生产管理系统等多系统智能联动，实现正常工况下生产设备自主运行。

2）智能巡检。开发适用于水电站应用场景并能代替人工巡检的智能巡检机器人，具有人机交互功能的智能安全帽、智能钥匙等智能设备，能代替人工观测的库坝安全智能监测系统，全面地感知人员、设备、环境状态；依托安风管控中心、设备管控中心、库坝安全中心，应用图像识别、声纹识别、温度场重构等大数据挖掘技术，构建人的违规行为精准识别、设备缺陷准确预测预警、环境风险及时预判的智能分析模型，保障电站人员安全作业、设备设施安全运行。

3）远方操控。建设流域大传输网络，应用通信、控制、大数据挖掘等技术，依托流域集控中心，开发梯级水电站智能调控系统，构建对远方电站一键开停机、一键负荷调节、一键倒闸操作、一键防洪调度等智能操控模型，改变电站现场运行操控模式，实现现场无人值班、无人操作。

4）现地应急。开发现地应急决策支持系统，取消传统水电站现场中控室；在电站现场或生活区配备应急处理队伍，负责电站现场故障甄别、异常处理、应急操作，以实现现地高效应急处置，确保异常运行工况下水电站人员、设备、设施安全。

3.2.2 梯级水电站群智慧化运行

在单电站智能自主运行的基础上，流域梯级水电站群运行还必须考虑梯级水资源联合调度、发电协同调度、设备智能运检等。随着技术的进步，大渡河流域通过智慧库坝、智慧调度、智慧检修等平台的建设，实现了流域多电站千万千瓦装机的智慧化运行，形成了以远方集控、远程监测、机动作业为特征的智慧化运行模式。

（1）流域梯级水库群运行智慧化

水电站的水库一般承担着防洪、发电、生态、航运等多项任务，应全面感知气象、水情、设备等因素，精准预测降水和径流过程，结合防洪限制、生态约束、航运需求等，实现多目标协同优化。对于大渡河流域梯级水库群来讲，还需要充分考虑梯级之间的水力联系、电力联系，科学、智慧化梯级水电站调度策略，确保梯级水电站安全、经济运行。

流域梯级水库群运行智慧化的建设详见第 4 章。

（2）流域梯级水电站群电力调度智慧化

梯级水电站群电力调度不仅要实现短期效益与长期效益的统筹，而且要实现单站效益与整体效益的统筹。除了常规的中长期优化调度以外，应通过汛末分期蓄水等技术实现洪水资源化利用。在现货交易市场环境下，应全面感知市场环境，科学分析价格规律，准确预测出清价，制定合理的竞价策略。在实时调度方面，应结合中长期优化调度目标、市场交易结果，通过梯级实时协同调度，实现梯级安全、经济、高效、智慧发电运行。

流域梯级电力调度智慧化的建设详见第 5 章。

（3）流域设备运检智慧化

水电站设备运检是水电站设备运行、维护及检修的简称。设备运行是对设备进行操作控制、状态监视、应急处置等作业。设备维护是对设备进行日常维护、缺陷处理、故障分析、故障消除等作业，以使设备保持良好的技术状态。设备检修是对设备健康状态进行分析、预测，对性能劣化或发生故障的设备进行修理，以恢复其功能和提升技术状态。

设备运检智慧化就是利用大数据、人工智能和知识管理等技术，在设备操作控制、状态监视、应急处置、故障分析等环节实现人的行为与智能装备、智能系统的协同融合。

流域设备运检智慧化的建设详见第 6 章。

（4）流域水工建筑物运行智慧化

大坝、引水及泄洪设施等是水电站重要的水工建筑物，在防洪、发电、灌溉和航运等方面发挥着重要的作用。水工建筑物运行智慧化是通过先进的感知技术，精准监测水电站水工建筑物外部和内部变化趋势，构建风险评估模型，为科学制定运行方式和处置风险提供决策支持，有效管控水工建筑物运行与管理过程中的重大风险。

流域水工建筑物运行智慧化的建设详见第 7 章。

（5）流域生态环境保护智慧化

生态环境保护智慧化，从电站群联合调度运行的智慧化电力生产实际出发，多维度、高精度、自动化动态采集水环境、声环境、光环境、大气环境、水生生物、水土流失等生态环境保护数据，针对厂区噪声、空气、固体废弃物、水环境、生态流量、栖息地、水生生态、陆生生态等指标开展智慧化动态调整，改善水库调度方式，科学调节过鱼设施运行方式，减少水温、溶氧和 pH 值等生存参数变化，实现自动环境风险识别、河流健康评价、风险分级预警、辅助决策支持等智慧化管控能力。

流域生态环境保护智慧化的建设详见第 8 章。

3.2.3 流域企业管理智慧化

大渡河流域公司是流域电站群运行与管理的企业主体，在生产运行与管理智慧化的基础上，在战略管控、业务管控、资源配置、度量监督、业务保障等层面亦建立了匹配的智慧化企业管理模式，并开展了有效的业务变革和管理创新。

（1）战略管控

大渡河流域公司作为大渡河流域电站群最主要的运行管理单位，担负着流域环境保护、库岸安全管控、防洪度汛、水资源调度等主体责任。公司在基层运行单元建设智慧单元（单元脑）、在公司机关建设专业数据中心（专业脑），同时，构建智慧党建中心和决策指挥中心，有效提升了战略把控和风险管控能力。

1）智慧党建中心：是以"坚持党把方向、管大局、促落实"的要求，应用云计算、大数据等信息技术，深度融合企业生产经营业务，构建党建智能分析模型，打造更科学、更精准、更主动、更轻松的国有企业党建工作新模式，保证国有企业沿着健康方向发展。

2）决策指挥中心：是以"重大风险智能管控、重大业务过程管控、重大决策智能支持"为目标，应用大数据、人工智能等新技术，通过汇集专业脑、单元脑全域数据，建立跨专业的风险智能预警模型，实现企业重大风险智能预警、风险原因智能分析、应急事件决策支持。

（2）业务管控

大渡河流域公司在本部围绕工程管理、生产管理、安全管理、环境保护以及市场营销等业务管控的智慧化建设方面，依托云数据中心，构建了若干以数据驱动、专业赋能、纵向打通、横向协同的业务专业数据中心（专业脑）。

1）工程管控数据中心：是以"工程全要素管控、工程全生命周期管理"为目标，以智慧工程风险预警管控体系及管控模型为基础，以企业大数据中心为支撑，在流域工程日常管理智能化的基础上，以工程重大安全、质量、进度、投资、环保问题和关键部位管理为重点，通过大数据及决策分析模型，实现对工程管理要素趋势性、系统性问题的分析、预警、决策与综合管理。

2）生产管控数据中心：核心是设备管控，以设备全生命周期管理为指导，按照全面监测、量化评价、智能分析、科学安排的思路，全面掌握设备资产状态及运行表现，合理处置设备异常、缺陷及事故、科学安排设备维护检修，保障设备可靠、运行安全、检修合理。

3）安全管控数据中心：是以"对象智能化监控、风险自动化评估、资源集中化调度"为目标，通过智能设备，全面感知电力生产单元的安全状态，通过建立全面的安全风险管控体系，实现安全日常的实时监控、安全异常的提前预判、安全事件的及时响应以及安全管控的迭代提升。

4）营销管控数据中心：是以"全面感知、精准预判、科学决策"为目标，打破传统营销模式，全面感知市场环境，建立营销大数据，准确预判市场要素变化趋势，科学制定营销策略，优化市场营销方案，提升电力营销的能力。

（3）资源配置

资源高效率配置是企业管理的核心管理任务。依托公司云数据中心，大渡河流域公司通过构建以下四类专业数据中心（专业脑），提升公司资源配置和管理能力。

1）计划合同中心：是以预算、计划、合同为主线，实现生产经营任务和资源的统筹编排、合理配置、高效运营。通过专业赋能、流程监测及预警、跨专业协同分析等功能有效提升管理效能，提高资源使用效率，创造更大运营效益。

2）人力资源共享中心：以"服务员工、优化结构、升级组织"为目标，实现人力资源的统筹管理，通过分析模型、优化人员结构、提升人员价值，满足在新环境下不断变动的人力资源需求。

3）财务共享中心：是以"业财融合、智能管控、灵活共享"为目标，实现财务资源的有效整合、效率提升，同时强化管控，防控风险，提升财务管理在企业中的价值地位。

4）物资管控中心：是以"集中管控、数据驱动、风险预警、科学决策"为目标，实现物资需求、计划、采购、配送、库存管理的全过程管理。

（4）度量监督

有效的度量评价、监督和审计体系是保证企业合规运转的机制保障，过去的合规控制、纪检监察及审计均依赖人工操作，周期冗长、效率不高、手段缺乏。随着大渡河流域公司在生产、运营层面的全数字化，依托公司云数据中心，通过打造全面风险管理中心、智慧纪检、智慧审计等专业脑，构建数据驱动的新型度量、监督和审计模式，实现更为快捷、高效、精准的管理效能，产生了令人瞩目的管理效果。

1）法律与风险管控中心（合规控制中心）：是以"全面监控、分级管控、协同响应"为目标，以风险管理体系为基础，基于内控/绩效的制度保障，在全企业构建风险管控的组织文化，通过对全企业范围内的风险进行实时监控，实现风险分级预警与管控，同时归口综合法律服务，专业防范法律风险。

2）智慧纪检数据中心：是以"泛在监督、智能评估"为目标，在

IT 环境的支撑下，构建一站式的线上执纪平台，实现在全企业范围内对所有纪检监督风险点的实时监督，并对纪检监督工作实现专业化、智能化的支持，不仅最大化防止违纪违规行为发生，确保法律法规和规章制度在企业的贯彻落实，还能让员工主动参与纪检监督过程，维护职工权利和企业利益。

3）智慧审计数据中心：是以"管理集中、覆盖全面、分工合作、反应灵敏"为目标，基于一体化审计平台和审计大数据中心，实现审计工作与被审计业务互联互通，提升审计工作的自动化水平和审计结果的有效性。

（5）业务保障

业务保障主要包括支撑日常行政办公及后勤服务等工作。在数字化技术全面应用基础上，大渡河流域公司通过建设智慧办公及智慧后勤平台，实现办公和后勤服务的高效、快捷及高度人性化的体验。

1）智慧办公：实现对文档/公文、会议、电子印章、外事活动以及审批与流程的集中管理，提升办公效率。

2）智慧后勤：保障中心，实现对企业楼宇、物业、车辆、安保/安防、接待服务等集中管理，提升员工幸福感。

3.3　智慧化运行与管理方法路径

数字技术是推动流域智慧化运行与管理落地的重要工具，为了有效实现大渡河流域运行与管理的智慧化转型，大渡河流域规划了以下"五大"建设方法路径。

3.3.1　打造"大感知"体系

打造"大感知"体系的关键，在于抓好物联网技术、工业自动化技术应用及企业内外部数据采集和交换平台建设，实现对企业要素的全面感知。大渡河流域在水情气象、电厂运行、库坝安全方面的感知做出了大量部署。

在水情气象感知方面，自建了由 110 个水文遥测站点组成、覆盖全流域的水情自动测报系统，融合中国国家气象中心、美国国家气象中心和欧洲中期天气预报中心等顶级机构的气象数据，每天开展 10G 容量的气象水情大数据分析，以网格式细分全流域降雨分布情况，准确掌握区域来水及降雨情况。

在电厂运维管理感知方面，明确了水轮机、发电机定转子、变压器、调速器等多部位共计 128 项常见故障监测指标，采集了 7000 余个状态监测量，建立了设备数据库，包括 12 大类 350 种设备的视频、音频、红外及振动等在线监测数据，及时掌握设备健康运行状况水平；建立缺陷数据库，围绕缺陷现象、缺陷部位、缺陷原因、缺陷处理方法四个方面，收录标准缺陷 2000 余条，提升故障定位、隐患排查的精准度与及时性；同步完成全流域设备编码和物资编码标准化，形成了五段码 8 万余条的水电物资编码、六段码 26 万余条的设备编码，大幅提升了设备、物资管理水平。同时，基于智能巡检机器人、智能安全帽等成套感知设备，极大地拓展了对现场设备、人员、环境的感知能力。

在库坝安全感知方面，运用库坝智能监测技术，在大渡河流域电站群大坝及周边山体中建立含地震等环境影响因素在内的 9 大类 22948 个库坝运行风险测点，制定风险度量标准，实现对山体、库坝、边坡的动态实时状态协同智能感知，实时收集掌握各类位移、变形、沉降等数据，全面替代了以往依靠人工测报测点数据的方式，在数据的完备性、实时性和有效性方面都取得了质的飞跃。瀑布沟库坝自动化监测感知体系如图 3.5 所示。

3.3.2 建设"大传输"网络

建设"大传输"网络的关键，在于构建以互联网为基础，以工业物联网和移动互联为补充的大传输网络体系，为万物互联提供四通八

图 3.5　瀑布沟库坝自动化监测感知体系

达的"高速公路",实现数据的快速、实时和海量传输。

　　在大渡河流域上建立覆盖流域生产区域的通信传输网,实现万兆骨干、千兆到桌面的网络连接,有光纤核心网、区域光纤接入网、移动专网以及应急通信的卫星网;建立了以 2.5G 电力光纤传输网为主、150M 运营商专线为辅的骨干通信传输网;完成覆盖大渡河干流重点库区的移动专网,同时建立了部分 5G、全部 4G 及高速 WIFI 全覆盖的流域生产区域移动网;建立了覆盖全流域的 Ku 波段 VSAT 应急卫星通信网,同时配置了 Ka 波段卫星移动互联网。

3.3.3　构建"大存储"平台

　　构建"大存储"平台的关键,在于构建基于服务器、存储、网络、安全等硬件设备和各类虚拟资源池的大数据中心,实现各种数据形态下的海量存储和快速提取。

　　大渡河流域公司通过建立大数据中心(图 3.6),构建了含全流域十大主题域的数据统一存储平台,采用"集中＋分布"式的混合存储模式,将传统 San 光纤存储与 Fusion storage 分布式存储技术混合使用,实现了数据分层存储,能提供 1400TB 存储空间,具备 1PB 数据存储能力,同时具备面向未来需求平滑升级的扩容能力;集中整合全流域 300T 以上网络信息资源，涵盖 9 座大型水电站，形成 TB 级的集中存储模式。

图 3.6 大渡河流域大数据中心现场

3.3.4 提升"大计算"水平

提升"大计算"水平的关键，在于利用先进的算法技术算力技术，提升云计算中心的算法和算力，为流域智慧化运行与管理数据处理提供支撑。

大渡河流域公司通过加强硬件基础设施建设，建立统一的智能管理平台，实现了所有服务器的云化部署和统一管理，同时采用分布式架构减弱单节点故障对整个系统的影响；采用基于 Open stack 架构的华为虚拟化技术提供 IaaS 层云服务，将企业各类大数据集中迁移上云，从而构建超过 1800 核的 CPU 和 29T 内存的计算资源池。以"一个目录、一个地图、一张表"为思路，全面铺开数据治理及数据标准建设工作，提升数据互联互通及深度挖掘功能，为辅助决策和风险预警提供支持。服务器虚拟化的云计算架构如图 3.7 所示。

截至 2020 年年底，云计算资源池承载了 350 余台虚拟服务器，为大渡河流域智慧化运行与管理的 20 余个专业数据中心提供计算和存储

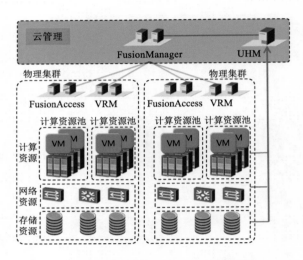

图 3.7   服务器虚拟化的云计算架构

服务。同时，通过桌面虚拟化技术，全面应用云桌面替代公司本部及多家子公司办公电脑，实现云计算资源池与云桌面资源池统一建设、统一管理、统一分配。同步建设 IT 管控平台，实现信息化资源和网络安全的统一监控和管理，保障网络和数据安全。

3.3.5   培育"大分析"能力

培育"大分析"能力的关键，在于对数据进行多维度分析和挖掘，构建流域智慧化运行与管理的各类智能预测、预警和决策模型，为实现风险识别自动化、决策管理智能化、纠偏升级自主化的流域梯级电站群运行与管理提供支撑。

只有将大数据真正应用到具体的业务场景，才能产生实际的价值。大渡河流域公司通过大数据建模竞赛、智慧企业沙龙、青年创新工作站等创新模式，涌现出一系列的"大分析"典型业务应用场景。例如：在设备故障排查方面，自主研发巡检预警机器人，不仅具备在前端开展分析处理的能力，还能将前端采集的各类图像、温度、震动、气体等信息，传输至数据后台开展分析计算，并向相关人员推送设备运行异常告警，大幅提升了应急事件的分析处理能力与效率。在设备运行趋势分析方面，采用机器学习引擎，挖掘机组 29 个关键指标的历史数据，建立机组设备健康状态感知模型，实现设备健康度和发展趋势的数字化评价。在安防系统联动分析方面（图 3.8），改变以往两两系统或零星系统之间的联动状态，实现电厂监控、励磁、消防等 10 余个子系统间互联互通，通过数据综合分析，在应急事件发生时实现系统智能联动，提升团队应急处置能力。

图 3.8 大渡河水电站安防系统联动分析示意图

第 4 章

梯级水库群运行智慧化

大渡河流域是长江流域防洪体系的重要组成部分，梯级水库群绝大多数处于地震地灾多发区，其调度运行不仅要考虑如何防洪减害，还要充分考虑如何预防库岸地灾。为此，大渡河流域将大数据智能技术与水库运行相关技术深度融合，在气象水文预报、水库群联合防洪、水库岸坡安全等方面进行了深入探索，使水库运行模式逐步从传统经验调度运行模式，向数据驱动的智慧化运行模式转变。

4.1　思路与目标

梯级水库群运行智慧化是以"实时感知、精准预测、智能调控"为目标，在自动化、信息化、数字化的基础上，应用云计算、大数据、物联网、移动互联、人工智能等技术，构建自主学习、智能决策模型，实现防洪、安全、生态、航运、供水等多目标智能协同。

（1）实时感知

以大渡河流域专业数据中心为基础，自动感知"气象水情、库岸边坡、设备状态"等数据，实现各生产要素的实时感知。

在气象水情方面，每5分钟实时采集公司自建的110个遥测站水雨情数据，每小时滚动引入美气、欧气、中央气象台、省气象中心等多套气象数据，共计约 7300 个网格，每天 18 万条数据，实现气象水情基础数据的高度集中融合。

在库岸边坡安全方面，构建了数万个自动测点，实时采集、识别、交互、融合大坝监测、水情工情、环境、边界信息等多源数据，实现库坝安全风险实时评判、运行状态综合评价。

在设备状态方面，关联"智慧电厂""智慧检修"等智能板块，全面采集设备的状态及运行信息，实时掌握水电站设备健康状态及变化趋势，规范水电站告警信息，在此基础上实现水电站告警信息的分层分类智能过滤和报警，便于调度人员迅速、准确地判断处理。

（2）精准预测

在数据全面感知、互联互通的基础上，大渡河流域运用大数据分析技术，构建多种智能预测预警模型，实现气象、水情、大坝变形、边坡位移等关键要素的精准预测。

在气象水情预测方面，自建了分辨率为 1.5km 的大渡河流域 WRF 和多源优势融合预报模型，滚动预测"未来 10 天逐日、未来 2 天逐小时"降雨和温度等气象要素，实现了从定性到定量预报的突破。同时，将气象数据耦合到水文预报，建成了相似性预报、新安江预报、概率预报等并线运行的径流预报体系。

在库岸安全风险预警方面，基于库岸灾变机理以及风险因素之间的耦联机制，提出流域梯级库岸安全风险管控体系，首创以数据可靠性分析、多源信息融合交互、风险自主预判、预警响应调控为典型特征的流域梯级库岸群安全风险智能管控平台，实现了库岸安全风险预警与响应决策。

（3）智能调控

大渡河流域依托实时感知、精准预测和智慧电厂、智慧检修的成果，运用人工智能技术和多维目标协同优化决策模型，优化运行流程、重塑运行模式，实现流域梯级水库智能"一键调"。打破原有经验调度模式，通过精准预测气象水情、实时感知库岸安全、预判防洪风险、智能决策调度方案、自动下达调度指令等调度链条"一键"生成，实现调度决策与响应一气呵成。

大渡河梯级水库运行智慧化业务架构如图 4.1 所示。

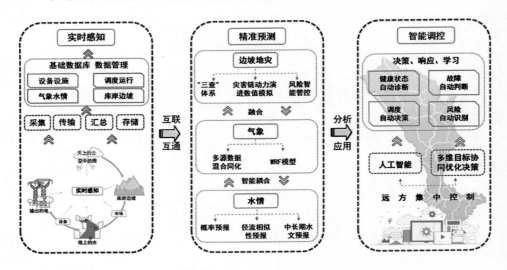

图 4.1　大渡河梯级水库运行智慧化业务架构示意图

4.2　关键技术

4.2.1　流域高精度大数据气象水文预报技术

水文预报是水库调度运行的基础性工作，预报效果直接影响调度决策的科学性。而气象预报是水文预报的基础，是延长水文预报有效预见期的关键因素。数值气象预报准确率不高、水文预报不确定性难以量化以及水文过程的时空变异性等问题，是水文行业长期面临的共同挑战，尤其在我国西南高原地区的众多流域，由于区内地理、气候特征的复杂性，上述问题显得十分突出，被业内称为"预报天花板"。经过多年探索，国内外逐步形成了较为完善的流域水文循环理论，实现了气象、水文学科的充分融合。各大流域水电开发企业、各级防汛主管部门也在不断寻找适用于自身特点的气象水文预报技术，以期进一步提升水库运行管理水平，挖掘水库调节效益。大渡河流域通过建立"产一学一研"深度融合的联合攻关机制，在引入新技术、新成果的同时不断创新，逐渐形成了具有自身特色的、适用于西南众多高原流域的气象水文预报体系，如图4.2所示。

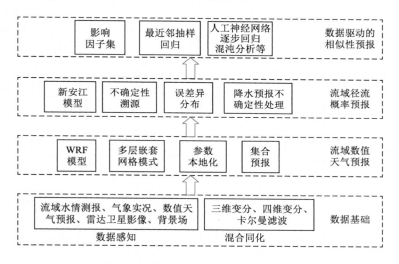

图 4.2　大渡河气象水文预报体系

4.2.1.1　搭建多源气象水情数据基础

（1）多源数据感知

大渡河流域110个水雨情站组成的站网是实时水雨情资料获取的基础方式，大渡河流域还通过气象局等专业信息机构扩展气象信息，引入全国气象站在流域内的站点资料，实时获取专业气象中心监测的降水、气温等气象信息。同时，借助气象行业内数值天气预报技术的发展，大渡河流域引入同化了高空、卫星等多方位测量信息后的格点化降水和气温等要素资料、多普勒雷达测量的反演降水数据，以及各国数值天气预报产品，如我国的 GRAPES、欧洲的 ECMWF、美国的 NCEP 等。大渡河气象数值预报系统的输入数据见表4.1，在此基础上，还进一步考虑引入全球的预报场气象要素作为背景场资料，为流域自建本地化数值天气预报模型提供基础。

表 4.1　　　　　　大渡河气象数值预报系统的输入数据

数据来源	数据内容	采集频度
流域水情测报站网	测站雨量、水位、流量实测数据	每 5 分钟
中国气象局	测站降水、气温等实测数据	每小时
	流域范围格点化降水、气温等数据	每小时
	多普勒雷达降水反演数据	每小时
	数值天气预报产品（中国、欧洲、美国等）	每日
美国国家环境预报中心	全球范围格点场	每 6 小时
欧洲中期天气预报中心	全球范围格点场	每 12 小时

（2）多源数据混合同化

多源化信息获取逐渐丰富了流域气象信息基础，但不同气象资料在时间和空间分布不是完全匹配的，如空间分辨率有 5km×5km 或 20km×20km，时间分辨率有分钟级或小时级。如何充分利用多源观测资料，将其合理地转化至同一空间、同一尺度，是数据应用前必须解决的重要问题。

为此，采用三维/四维变分同化和集合卡尔曼滤波的有机耦合，通过分区、分时段实施不同混合同化方案，让多种观测资料相对准确地表达大气当前状态，进一步提高了观测资料分析质量和数值预报准确性。

4.2.1.2　基于 WRF 模式的流域高分辨率气象预报技术

大渡河流域 WRF 模型采用多层嵌套网格模式设计（图 4.3），利用匹配分辨率的地理数据生成多重嵌套区域最优的静态地理信息数据场（包括地形高度、土地利用类型和反照率）。其中，最外层区域基本覆盖了可能影响到流域的天气系统范围，最内层的网格覆盖了整个流域。

大渡河流域 WRF 模型建立时，考虑了流域地形特点、气候特点

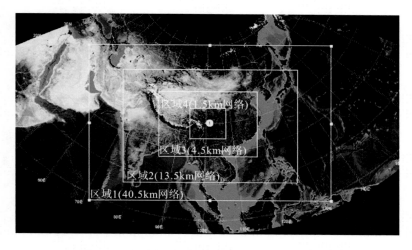

图 4.3 大渡河流域 WRF 模式区域嵌套设计

等，分区分时段建立参数方案组合，基于优化仿真和统计模型建立认知计算的自适应参数调整模型。通过开展自适应参数优化和预报误差修正，对过去几个月的预报情况进行统计，分析数值预报模型的预报结果与实际情况之间的关系，寻找偏差的统计特征，总结出最近几个月、甚至几天预报准确率最高的几种参数化方案的搭配，然后应用于未来的降水预报中。

4.2.1.3 融合数值天气预报的径流概率预报技术

大渡河径流概率预报是在新安江模型确定性预报的基础上开展，通过分别量化降雨输入不确定性、模型结构不确定性、模型参数不确定性等各个环节的主要不确定性，对预报不确定性进行量化分析，最大限度地利用预报过程中的各种信息，定量地、以概率分布的形式描述水文预报不确定性过程，提供一场洪水或者径流过程的可能最大流量、可能最小流量、发生某个流量级的概率等要素。概率预报技术的应用，不仅可提高预报精度，而且为预报提供了更加丰富的信息要素，为防洪调度决策提供了更强的支持。

4.2.1.4 基于数据挖掘的径流相似性预报技术

近年来，随着覆盖全流域的现代化气象水文站网的建设与完善，历史气象水文数据不断积累，加之人工智能和大数据技术的快速发展，为突破径流预报瓶颈提供了新思路和新方法。借助大数据技术，可对成千上万条历史数据实现全面、多层次的分析，"挖掘"出隐藏于数字背后的水文规律。

对于某一特定流域，制约降雨的主导天气系统会反复出现，在相似天气系统条件下所产生的降雨过程及其径流过程也将是相似的。当具有较长时间历史降雨及径流资料，采用数据挖掘技术可"参考过去预测未来"，即根据历史相似降雨及径流资料预测未来径流，这对提高流域水库群精细化管理及精益化调度水平具有重要意义。

（1）基于机理与数据双驱动的短期径流相似性预报

在短期径流预报方面，大渡河流域建立了耦合数据驱动模型和过程（机理）驱动模型优势的相似性预报模型（图 4.4）。通过分析降雨—径流物理成因过程，识别流域径流预报因子，同时通过数据挖掘技术寻找降雨径流相似性，采用多因子最近邻抽样回归模型对未来洪水过程进行预测。

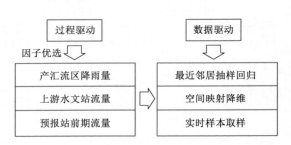

图 4.4　短期径流相似性预报示意图

建立点雨量到面雨量的空间映射关系，降低降雨数据输入维度，同时体现降雨空间分布格局。采用滑动窗口取样以构建历史降雨径流样本库，解决实测数据系列不足的问题。提出考虑权重的降雨径流综合相似性度量指标，权衡降雨、径流量级差异，并结合智能优化算法对参数优化。实时接入滚动 7 天的降雨预报结果，延长预见期，滚动预测流域未来一周的径流过程。

短期径流相似性预报技术的提出，解决了复杂流域水文过程时空变异性导致的水文模型适用性问题，进一步提高了大渡河流域来水预报精度，完善了水文预报体系。预见期 3 日预报精度情况如图 4.5

所示。

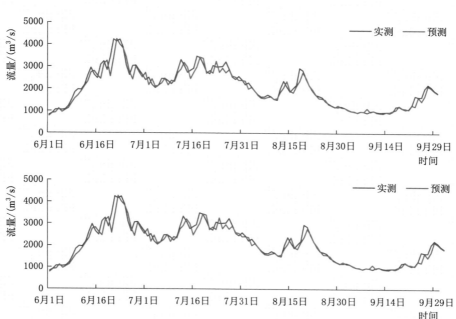

图 4.5　预见期 3 日预报精度情况

（2）基于"量-型"相似理论的中长期水文预报

在中长期水文预报方面，从影响未来径流的物理成因角度出发，考虑加入前期降雨、前期径流和大气环流等因子，作为流域中长期径流预报的影响因子。采用逐步回归理论，从前期降雨、前期径流和 130 项大气环流因子中，筛选能表征流域不同控制断面流量的相关性较高的因子，其因子又可细化为 88 项大气环流指数、26 项海表温度指数及 16 项其他指数，并以此建立相似性因子指标集。在构建相似性因子指标的基础上，建立人工神经网络中长期预报模型，在目标函数中，增加"量-型"相似理论为指标评价原则，推求历史上最接近预报径流的前期条件，从而筛选出与预报流量最为接近的历史径流过程，并在此基础上，进行量级上的修正，从而实现预报。大渡河中长期预报多因子体系如图 4.6 所示，中长期预报示例如图 4.7 所示。

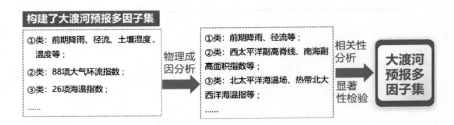

图 4.6　大渡河中长期预报多因子体系示意图

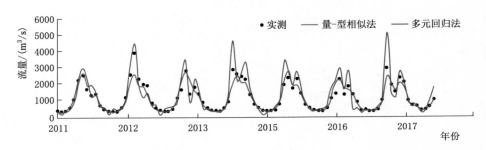

图 4.7　大渡河中长期预报示例：2011 年 1 月—2018 年 5 月
月径流预报结果图

　　综上，大渡河流域构建的"全面感知的数据基础-基于 WRF 模式的流域高精度气象预报-确定性水文模型预报-径流概率预报-数据驱动的相似性水文预报技术"一体化的气象水文预报体系，实现了流域范围内的高精度定时定点定量降水径流预报。

　　虽然大渡河气象水文预报研究应用已取得了较好的成效，但在多源气象数据融合、气象水情预报模型优化、多模型优势融合预报方面仍有不足。目前，正围绕以下三方面进行提升：一是提升流域状态感知的精度和细度，基于多源数据的误差性和优势实施融合同化，建立更加精细化、准确化的基础资料库；二是在现有单一、固定的参数化方案的气象预报模型基础上，针对典型暴雨按照天气动力形式进行聚类并分别优化参数化方案后，实现按天气动力形式缩影动态选取方案的实时预报模型；三是从气象演变机理和径流产生机理出发，实现二者机理的深度融合，充分考虑流域水电站的调蓄影响，建立高强度人类活动影响下的水文气象预报模型。

4.2.2 水库联合防洪智能"一键调"技术

大渡河干支流水库的陆续投产，显著提高了径流调节能力，但也改变了流域水文水力特性，使得流域防汛形势、产汇流特性和梯级水库间水力联系更加复杂，给汛期水库安全运行带来了巨大挑战，对水库调度工作提出了更加精细化的要求，使得过去基于经验的会商决策机制已难以满足新的形势。

在上述背景下，大渡河流域依托水雨情监测预测、梯级水库群设备状态感知及自动控制体系，以系统优化方法打造了流域水库群优化调度决策模型簇，引进大数据、人工智能等新技术，研发了流域水库群联合防洪智能"一键调"技术（图4.8），突破了传统水库调度决策模式在预测信息的利用、水库调度优化决策、设备控制运行等方面的理论局限和技术瓶颈，实现了在不同时间尺度下流域防洪、兴利、生态环保等多目标的高效协同。

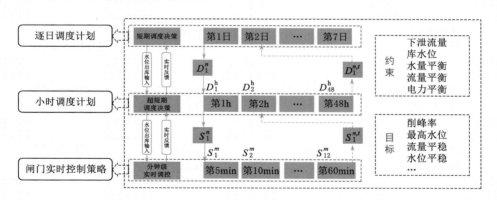

图 4.8　防洪智能"一键调"技术示意图

（1）日尺度短期调度决策

在日尺度短期调度层面，大渡河建立了防洪与兴利两种模式的调度决策模型，根据 7 日径流预报，判断在预见期内，水库水位是否会超过限制水位，据此选择调度模式。在防洪模式下，以预见期内水库最高水位最低为目标构建数学模型；在兴利模式下，以预见期内梯级水库发电量最大或水位最高为目标建立数学模型。通过实时更新边界条件，智能切换防洪或兴利模式，自动生成未来 7 日的流域梯级电站群的调度决策方案。上述模型将不同层级、不同区域、不同主体的防洪需求转化为 112 条水位、流量及其变化速率约束条件。通过对约束条件进行分级，可以在遭遇大洪水时，使数学模型有效识别防洪对象的重要程度，生成相应的调度策略，提高防洪调度方案的实用性。

短期调度决策模型的意义在于，明确了防洪调度的启动标准，即在水库实时水位以及各种约束条件下，未来 7 日的来水将使水库超过当前的限制水位。进一步讲，基于该启动标准，通过实时智能切换模式，能够在最恰当的时间启动最适宜的调度模式，最大程度上解决了防洪和兴利的矛盾，实现水库综合效益的最大化。

（2）小时尺度超短期调度推演

在小时尺度超短期调度层面，大渡河建立了梯级水库智能推演模型。以短期调度方案的日末水位或发电量为控制条件，结合小时尺度洪水预报及日内发电计划，实时滚动推演梯级水库调度过程，包括水库水位、出库流量、发电流量、泄洪流量等要素。

超短期调度推演模型的意义在于，在日尺度短期调度决策框架下，进行日内小时调度的模拟，为调度执行层提供小时调度依据，实现了不同时间尺度调度方案的有机嵌套。例如，当短期调度层下达防洪模式的决策方案后，超短期调度以日末水位为控制边界推演梯级水库调度过程；当下达兴利（发电）模式的决策方案时，超短期调度则是以日发电量为控制边界推演调度过程。

（3）分钟级实时调度控制

在实时调度层面，要想实现分钟级的调度控制，首先要解决的问题是如何将预测入库流量的最小时间尺度由小时降为分钟。为此，大渡河建立了各水库库区水文水动力耦合模型，为建立分钟级优化调度模型提供了基础条件。进一步讲，根据水电站溢洪设施、机组等各类工程单元特性和协同运行机制，提出了调峰调频环境下水位偏差实时反馈和闭环校正策略；以优化防洪效益、溢流设施折旧成本、人力成本等为目标，构建了"闸门—机组"多单元协同的多模式调度控制模型簇，形成了"短期—超短期—实时"嵌套的梯级水库（水电站）调度决策体系，实现了"短期—超短期"调度策略的高效精准执行。分钟级实时调度控制模型如图4.9所示。

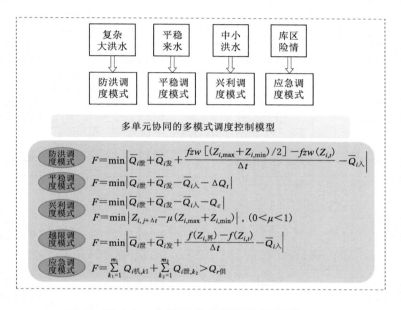

图 4.9 分钟级实时调度控制模型

4.2.3 库岸边坡地质灾害智能预警技术

库岸安全是水库安全运行的重要前提，因此需要建立覆盖全部管辖范围的地质灾害普查监控体系，及时发现地质灾害隐患点，在大面积、大尺度范围内对地质灾害进行全面监控。大渡河流域对于地灾普查发现的重点关注部位，采取了有效的技术手段进行重点管控，形成从宏观到局部、从大尺度到精细化的多维度、多尺度库岸边坡监测模式。在时间上，既有库岸地灾瞬间变化监测，又有长时间序列趋势变化监测，还有基于外部诱因的地灾预警。在空间上，既有全流域地质灾害监测系统，又有不同区域甚至微观的局部监测系统。在维度上，既有基于单一地球物理属性的灾害监测，又有基于多种指标体系的灾害监测，从而更加有利于掌握地质灾害的大区域地质环境演变过程及灾害发生变化规律。

（1）地质灾害早期识别

基于"空-天-地"多源数据立体观测数据分析技术，构建适宜大渡河流域地质灾害早期识别的普查、详查、核查的"三查"体系。针对大渡河流域水电站受降雨与库水位作用持续影响、人类工程活动不断加剧、极端天气频繁出现、常规巡查手段力所不及等因素造成的地质灾害高发、频发问题，研究基于卫星 InSAR 技术开展大面积地质灾害普查，筛选出变形重点区域的技术方法；基于机载 LiDAR 技术，进行灾害体形变特征的早期识别与成灾前兆信息的快速捕获，突破快速识别、变形分析等关键技术，研发机载 LiDAR 影像和无人机实景三维模型的灾害解译方法等技术流程，进行重点疑似区域的地质灾害隐患详查，初步确定地质灾害隐患点；人工进行地质灾害隐患精细核查，进一步确认地质灾害隐患点边界、规模、形成机制、形变特征、演化阶段、稳定性状态、威胁范围等信息，实现精细化判识。基于多源数据立体观测数据分析技术，构建适宜大渡河流域复杂山区地质灾害早期识别的"三查"灾害早期识别体系，丰富防灾减灾手段、破解灾害早期识别难题，达到主动防范地质灾害的目的，避免重大灾害性事件发生。"空-天-地"多源数据立体观测体系如图 4.10 所示。

（2）崩滑灾害全过程高精度快速模拟与后效应评价

大渡河流域通过数值模拟、室内试验研究，查明典型崩滑灾害动力学机理、潜在破裂面的动态演化过程，研发了大型突发崩滑体灾害全过程快速判识技术；采用云端多源数据挖掘技术，快速提取斜坡岩土体结构特征和物理力学参数，建立了特大型崩滑体三维多尺度精细化模型，利用超算

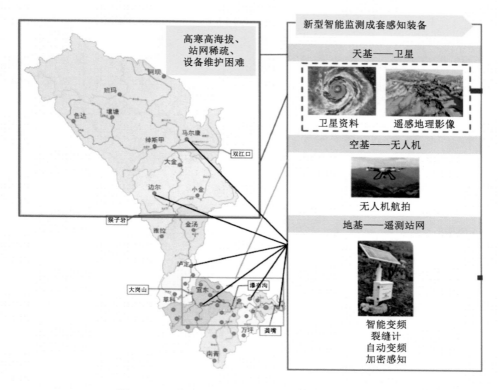

图 4.10　"空-天-地"多源数据立体观测体系

平台，创建基于 FEM、DEM 及流体动力学（SPH/LBM）固液耦合的高效算法；发明了多尺度条件下斜坡灾害演化过程中变形、破裂、流动的强耦合计算方法，实现了特大型崩滑体高性能精细化快速计算分析。

　　在定量风险评估方面，构建了基于机器学习的特大型崩滑体物理力学计算参数的快速反演技术，快速类比调用云端相似灾害案例参数，实现基于固液耦合的特大型崩滑体"变形→渐进破坏→灾变破裂→高速运动→堆积"全过程快速精细模拟，实现了高效快速定量风险评估。针对灾害链多物理过程特点，建立了真实空间尺度下地质灾害链动力演进物理模型，研发了具有自主知识产权的灾害链动力演进数值模拟平台。

　　（3）多源异构监测数据实时集成

　　地质灾害监测数据的类型多样，并且数据的采集、传输、存储都存在一定的差异，因此集成各种监测数据就显得非常重要。针对多元异构监测数据，大渡河流域提出一套实时集成技术，将不同类型、不同仪器的监测数据集成到实时监测中心的数据库，实现多源异构监测数据快速集成。一般情况下，获取的监测数据（原始数据）不能直接用于预警计算，还需对监测数据进行预处理，开展缺失数据、异常数据、噪声数据的处理方法研究，并对各数据处理方法进行适应性分析研究，实现监测数据预处理过程完全由程序自动化完成。多源异构地灾监测数据实时集成技术，主要是处理监测设备采集的实时监测数据，包括数据编码、多类型数据库支持、数据融合、异常数据处理及数据入库等，实现自动实时对多源异构地质灾害监测数据进行入库集成，并对异常监测数据处理过滤与分析。

同时，研发了多源异构数据集成平台，将不同厂家、设备的监测数据，通过数据服务集成于统一的监测数据库，实现多源监测数据的集成。

（4）基于降雨诱因的库岸边坡安全预警

库岸滑坡的变形破坏是地质环境因素（如地质结构、地形地貌、地层岩性等）与外部因素（如大气降雨、库水位波动、人类工程活动、地震等）共同作用下的复杂地质过程。从大渡河流域库岸监测历史数据看，地质环境往往相对稳定，外部因素几乎是库岸地灾的主要诱因。为了进一步提高对库岸安全的把控能力，大渡河流域基于多源气象预报以及库岸边坡位移监测网络，实现了"降雨预报＋地灾预警"跨专业的融合，结合滑坡位移监测数据，从分析滑坡位移演变规律的角度出发，将滑坡位移分解为受自身基础地质条件控制的趋势项位移以及由外界因素如降雨影响的扰动项位移，构建基于数据挖掘的分项位移预测模型，叠加各分项，即得到总位移预测。基于降雨诱因的库岸边坡安全预警模型如图 4.11 所示。

该技术使大渡河库岸安全预警工作在空间上实现了"由点至面"的全覆盖，在预见期上实现了"落地雨至预报雨"的延伸，为流域水库、城镇、交通管理等部门提供了更全面、更精准的降雨地灾预警服务。

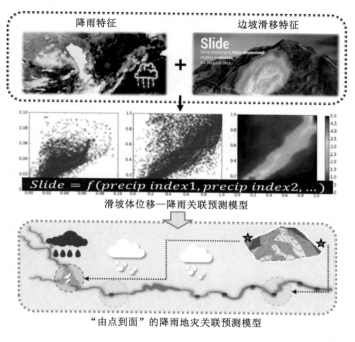

降雨特征 边坡滑移特征

$$Slide = f(precip\ index1, precip\ index2, \ldots)$$

滑坡体位移—降雨关联预测模型

"由点到面"的降雨地灾关联预测模型

图 4.11 基于降雨诱因的库岸边坡安全预警模型

（5）地质灾害智能预测预警平台建设

大渡河流域地质灾害预测预警智慧化探索的总体目标是：建立大渡河流域地质灾害专业监测数据库，对专业监测数据进行集成，为后续预警分析提供数据支持。所以，建成的平台是一个以地质灾害调查成果数据为基础、地质分析和监测预警相结合、地质灾害防治相关"产、学、研、用、管"等单位共同构成的平台。

基于此，在进行包含滑坡综合预警和泥石流综合预警模型研究的基础上，开发大渡河流域地质灾害预测预警平台。其主要功能包括：三维综合信息展示、综合信息管控、监测数据管控、地质灾害自动识别、地质灾害风险排序、灾害链全过程模拟、智能预警管控、辅助决策。

三维综合展示模块，将主要提供重大地质灾害相关的图形服务与属性服务，图形服务包括地质灾害相关图形显示、属性信息查询、定位等操作功能，属性服务主要是通过外挂属性数据库，提供地质灾害非空间数据的查询、编辑等功能。

综合信息管控模块，除对用户进行角色分类管理外，主要将集成的大渡河流域水电站重大地质灾害空间属性信息，实现有效地输入、编辑、管理，实现地图的基本功能，包括地图常用操作、图层管理等，能够在地图上叠加灾害点、监测点、地质图、高清遥感图像等。

监测数据管控模块，除日常数据管理外，主要针对多源异构监测数据，实现自动实时对多源异构地质灾害监测数据进行入库集成，并对异常监测数据过滤与分析，同时对其他数据库进行扩展支持。

地质灾害自动识别模块，主要利用 InSAR、光学遥感、无人机数字摄影测量、机载 LiDAR 技术，获取大渡河流域水电站多种空间数据。以此为基础，构建基于深度学习的高精度、高速度、高深度神经网络统计模型，实现流域地质灾害的早期自动识别。通过多源数据的整理、分析及模型计算，快速确定地面核查范围，明确疑似隐患点的现场详细调查目的、原则与方法，建立流域地质灾害早期识别"三查"技术体系。

地质灾害风险排序模块，基于前期研究的大渡河流域水电站崩滑地质灾害点易发性、风险评价的关键指标因子，确定流域崩滑地质灾害风险定量化评价模型，并根据已发生的崩滑地质灾害，提取出崩滑地质灾害风险排序影响因子。同时地质灾害风险是动态变化的，所以模型中需加入动态化指标因子，例如库水位变化、地质灾害体变形阶段、实时降雨量等，从而建立相应的风险排序模型。融合大渡河流域水电站崩滑地质灾害风险定量评价模型与风险排序模型，构建流域地质灾害动态化风险排序系统，根据"排序系统"结果进行现场风险核查。

灾害链全过程模拟模块，结合已有地质灾害成因、区域地质环境背景、地质灾害监测预警研究成果和现场调查，通过调用研发的崩滑灾害全过程高精度快速模拟三维模型，实现依托三维数字地球的地质灾害过程、全链条动画推演和复原，直观展现地质灾害诱发条件、发生过程、影响范围。依托详细的现场调查，灾害链全过程模拟模块可实现对潜在地质灾害隐患点成灾过程的推演和对已发生地质灾害的复原。

在充分利用、整合已有地质灾害防治建设成果的基础上，综合运用大数据、GIS、地质灾害"空-天-地"探测、三维可视化、云计算等技术，建设具有大渡河特色的流域地质灾害防治管控平台，建立从多渠道汇聚而来的地质灾害防治信息的大数据资源池，建立地质灾害早期识别、风险排序、监测预警、应急指挥等全覆盖的技术支撑平台和方法体系，实现从数据汇聚、数据管理、风险评价、监测预警、指挥调度、综合防治等全过程信息化、智能化和标准化管理。

4.3 应用案例

截至 2020 年年底，大渡河流域公司已投产的猴子岩、大岗山、瀑布沟、深溪沟、枕头坝一级、沙坪二级、龚嘴、铜街子、吉牛 9 座水库，先后接入大渡河流域梯级水库智慧调度系统，总体实现了"实时感知、精准预测、智能调控"的目标。

4.3.1 成功应对大渡河流域上游区域百年一遇大洪水

2017 年 6 月 13 日，大渡河流域高精度水情气象预报系统，提前 48 小时精准预报大渡河上游特大洪水。大渡河流域公司及时发布预警，果断预泄腾库，通过新建成的猴子岩水库拦蓄洪水，成功应对了上游"丹巴 6·15"百年一遇大洪水考验。

（1）提前 48 小时准确预报降雨和来水趋势

6 月 12 日，大渡河流域水情气象预报系统数值预报成果显示：预计 6 月 13—15 日上游将面临一轮强降雨，主要集中在上游区域，预计丹巴以上累计面雨量将超 30mm。通过新安江和 API（Antecedent Precipitation Index）多模型预报，并通过多模式结合人工校验，对 6 月

13—16 日丹巴断面逐小时、逐日流量进行了会商预报，预报丹巴断面流量将在 15 日达到峰值 5000m³/s，15 日开始预报降雨区域下移、降雨强度减小，预测后期来水呈现退水趋势。

（2）强降雨纷至沓来"圈定预期"，罕见百年一遇洪水"如期而至"

6 月 13 日开始，实况与预报如出一辙，13 日、14 日、15 日大渡河流域上游区域日降雨量分别为 18.8mm、16.6mm、3.0mm，3 天累计降雨量 38.5mm，预报精度 95.2%，且强降雨主要集中在丹巴以上区域，丹巴以下区域逐渐减弱。降雨实况及其预测对比如图 4.12 所示。

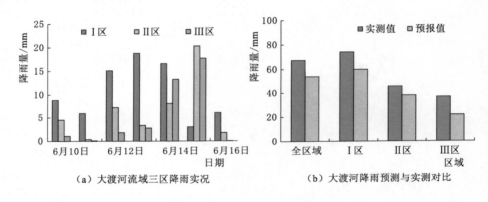

（a）大渡河流域三区降雨实况　　　（b）大渡河降雨预测与实测对比

图 4.12　大渡河流域三区降雨实况及其预测与实测对比

此次降雨属于流域普降，各站流量开始起涨时间（表 4.2）表现出一致性，洪水以河源洪水为主。

表 4.2　　　　　　　　关键站点洪水要素一览表

序号	关键站点	起涨时间	洪峰时间	洪峰流量 /(m³/s)	涨幅 /m
1	日部水文站	11 日 5 时	14 日 22 时	1560	1248
2	足木足水文站	11 日 5 时	15 日 2 时	2222	1248
3	大金水文站	11 日 4 时	15 日 20 时	3795	2963
4	丹巴水文站	11 日 13 时	15 日 15 时	4990	3505

（3）滞洪削峰保"两城"安全

大渡河流域有以"飞夺泸定桥"享誉世界的历史名城泸定县及国家重点生态功能区石棉县。如果没有水库调蓄削峰拦洪，任由天然洪水在大渡河流域飞流直下、横冲直撞，泸定、石棉等沿线的重要人口密集城镇，将遭受水淹县城等不可想象的生命财产损失，地方经济发展将受到重大影响。猴子岩—泸定县—大岗山—石棉县相对位置如图 4.13 所示。

面对这场百年不遇的大洪水，大渡河流域积极履行社会责任，提前预报预警，与地方政府及各级防汛部门建立调度联系机制，充分发挥新投猴子岩水电站水库调蓄拦洪滞洪作用，深度削峰，累计拦蓄洪量 2.11 亿 m^3，经削峰后洪峰流量较天然流量大幅削减，最大削峰率 24.9%，分别降低泸定、石棉县城洪峰流量水位 1.5m、1.4m，将 100 年一

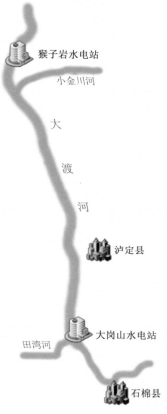

图 4.13 猴子岩—泸定县—大岗山—石棉县相对位置示意图

遇洪水降至 15 年一遇洪水，调蓄后洪水在大渡河沿线泸定、石棉县城顺利过境，成功保障了沿河两岸老百姓的生命财产安全，尤其是红色教育基地泸定桥安然无恙。调蓄过程如图 4.14 所示，削峰防洪效果见表 4.3。

4.3.2 成功应对大渡河流域中下游地区超百年一遇大洪水

2020 年，长江流域强降雨覆盖范围广、暴雨强度大，受上游多轮强降雨过程影响，长江流域洪水呈现洪峰高、流量大、涨势猛、破坏性强等特点。在本轮洪水调度过程中，通过精确预测、科学调度，多

次重复利用大渡河瀑布沟水库预泄、拦洪、错峰，成功应对了大渡河多场大洪水，大大减轻大渡河乃至长江中下游沿线的防洪压力，尤其是"8·18"超百年一遇大洪水中，大渡河流域公司在防灾减灾中做出了突出贡献。

表 4.3　2017 年"6·15"洪水期间猴子岩水电站拦蓄洪水
对下游城市削峰效果

站点	天然洪峰 /(m³/s)	天然洪峰对应水位 /m	调蓄后洪峰 /(m³/s)	调蓄后洪峰对应水位 /m	削峰率 /%	降低下游水文站水位 /m
泸定	6140	1313.4	4610	1311.9	24.9	1.5
石棉	7280	855.1	5680	853.7	22.0	1.4

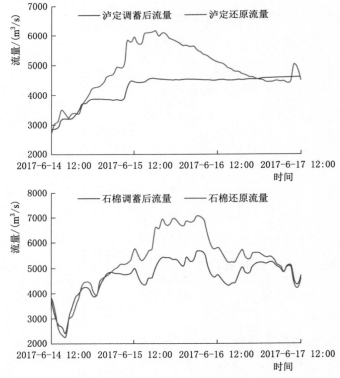

图 4.14　经猴子岩水库调蓄后泸定及石棉水文站入库流量对比图

（1）提前 96 小时准确预报降雨趋势

8月12日，洪峰来临前7天，通过高精度水雨情耦合预报、精细化模拟推演、多尺度防洪调度决策等核心技术应用，提前预测16—18日持续暴雨（图4.15），预计峨边至龚嘴、铜街子水电站可能遭遇洪峰上万的特大洪水，立即向流域各单位发布降雨及径流预报成果。根据系统推演出的模拟调度方案，全面部署防洪工作，调度全线进入防大汛"战时"状态，严阵以待准备应对超百年一遇洪水。

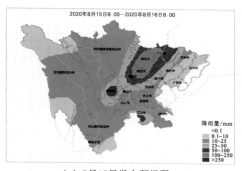

（a）8月15日发布预报图　（b）8月16日发布预报图

（c）8月17日发布预报图　（d）8月18日发布预报图

图4.15　2020年8月15—18日猴子岩以下区域人工修正降雨预报图

（2）"8·18"特大洪水调度过程及成效

8月16日，洪峰来临前3天，调度瀑布沟水库预泄至汛限水位以下2m，争取为拦蓄大洪水腾出更多库容。

8月17日18:00，全关瀑布沟泄洪洞，仅维持发电流量2300m³/s

下泄，18 日凌晨开始，瀑布沟入库流量持续上涨至 6000m³/s 以上，最大峰值 6991m³/s，最大削峰流量达到 4691m³/s。

经过瀑布沟调蓄后，8 月 18 日 6：00，下游龚嘴水电站天然洪峰流量从 12600m³/s 调减至 6740m³/s，8 月 18 日 9：00，下游铜街子水电站天然洪峰流量从 13300m³/s 调减至 6560m³/s，峨边、龚嘴、铜街子等断面洪水重现期由超百年一遇特大洪水变为常平洪水。各重要断面洪峰情况见表 4.4，流域中下游电站及城镇位置如图 4.16 所示。

表 4.4   "8·18 洪水期间"各重要断面洪峰情况

断面	洪峰流量 /(m³/s)	峰现时间	重现期 年	调蓄后洪峰 /(m³/s)	天然洪峰 /(m³/s)	天然洪峰 重现期 /年
瀑布沟	6990	8 月 18 日 03：00	20			
龚嘴	7810	8 月 18 日 06：00	7	6740	12600	100
铜街子	7430	8 月 18 日 09：00	5	6560	13300	100
岩润站	1430	8 月 18 日 09：40				
红旗站	1780	8 月 18 日 05：45				

如不提前精准预判、不及时果断决策科学调度，金口河、峨边、沙湾等区域将被洪水淹没近 3m，近 5 万人将遭受洪灾之害，乐山城区以及川渝地区洪涝灾害将更加严重。为此，水利部发函通报表扬大渡河流域公司为四川省及长江流域防洪减灾做出的巨大贡献。龚嘴、铜街子两站入库流量与还原流量对比如图 4.17 所示，洪水期间乐山大佛段洪水情况如图 4.18 所示。

4.3.3   精准预警猴子岩库区开顶滑坡体大塌方

（1）基本情况

开顶滑坡体位于四川省甘孜州丹巴县境内大渡河猴子岩水电站库区省道 S217 上，滑坡体总体积约 450 万 m³。2018 年 1 月，地质灾害

图 4.16 大渡河流域中下游电站及城镇位置示意图

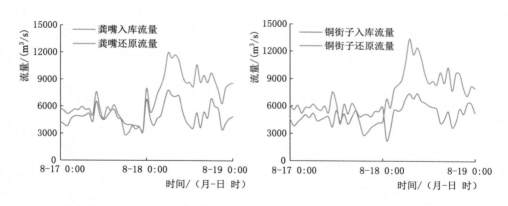

图 4.17 "8·18"洪水过程龚嘴、铜街子两站入库流量和还原流量图

安全风险感知大数据显示：猴子岩水电站 S217 改线公路变形速率异常增大。地质灾害智能管控平台随即发出安全风险预警，对该边坡实施安全风险分级管控。同时增设智能传感、微芯桩、三维激光扫描、无

人机智能巡检终端等多源信息采集设备实时感知边坡运行状态，并将感知获取的大数据实时上传地质灾害智能管控平台。

（2）风险预警及成效

依托地质灾害智能管控平台，应用地质灾害风险评价模型簇，结合数值分析计算成果，集成多源数据融合分析、综合研判：开顶滑坡体变形速率将进一步加快，预计变形速率超过 50mm/d 左右时将发生大规模的垮塌。同时，该滑坡体变

图 4.18　洪水期间的乐山大佛

形速率与水位降速正相关，需严格控制水位降速。

2018 年 2 月 9 日，开顶滑坡体位移变化速率达到 50mm/d，系统发出预警信息，于是立刻采用交通管制、人员撤离等措施，2 月 13 日该边坡产生了大规模滑坡，整体下沉 3～8m。开顶滑坡体及其边坡位移速率如图 4.19 和图 4.20 所示。由于预警及时，避免了滑坡可能带来的人员伤亡及财产损失。

图 4.19　开顶滑坡体实时监控画面

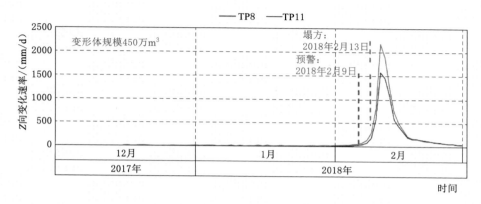

图 4.20 开顶滑坡体边坡位移速率图

此外，依托地质灾害智能管控平台，基于多源长序列数据分析显示：开顶滑坡体变形速率虽有所下降，但仍存在继续滑塌风险，不适宜立即开展治理工作。同时为满足当地群众的通行需要，大渡河流域公司开展地质灾害监控大数据实时分析，在保障安全的前提下，开辟了应急通道。

4.3.4 精准预警大岗山库区黄草坪变形体垮塌

（1）基本情况

黄草坪变形体位于大岗山水电站库区左岸泸定县得妥乡库区交通工程新华村连接公路之间，变形体体积约 150 万 m^3，如图 4.21 所示。2018 年 6 月，通过大数据感知及预警分析，评判该边坡变形趋势明显存在大规模塌方风险。在预警信息发布 9 天后，该变形体发生大规模塌方，由于预警及处置措施得当，避免了滑坡带来的人员伤亡及财产损失。

（2）风险发现

2018 年 7—11 月坡体变形加剧，局部垮塌。地质灾害智能管控平台大数据显示：黄草坪变形体监控区域变形速率异常增大。地质灾害智能管控平台随即发出安全风险预警，对该边坡实施安全风险分级管控，并启动 4 个智能感知设备 24 小时不间断监控变形体变形发展趋势，同时增

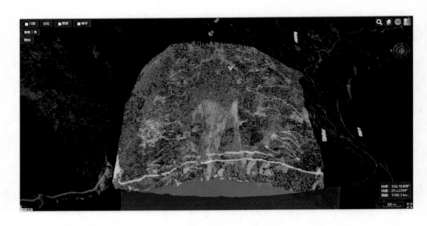

图 4.21　黄草坪变形体预警监控画面

设微芯桩、无人机智能巡检终端等多源信息采集设备实时感知边坡运行状态,并将感知获取的大数据实时上传安全风险智能管控中心。

安全风险智能管控中心依托库坝风险预警分析平台,应用三大智能推理系统驱动支撑库,采用基于信息熵的动态安全评价模型,集成多源数据经大数据协同处理综合分析研判显示:黄草坪变形体速率将进一步加快,预计变形超过 50mm/d 时,发生大规模的垮塌可能较大。

(3)应对措施

根据预警结果,果断采取应对措施:一是及时制定并启动地质灾害应急预案;二是根据预警结果启动管制性通行及限制通行措施,确保过往车辆及行人通行安全;三是基于大数据演进推理分析模型,对边坡进行加密监测、实时分析,判断监测数据时序和空间变化趋势,分析滑坡体异常变动,并超前预警边坡垮塌风险;四是及时研究变形体治理方案,制定临时保通措施。

(4)取得成效

2018 年 6 月 25 日黄草坪变形体变形量达到 447mm/d,发生了局部垮塌,7 月 2 日发生大面积垮塌,垮塌方量约 5 万 m^3,路基垮塌及受损约 100m。应用大感知、大传输、大存储、大计算、大分析技术,于 6 月 16 日提前 9 天发出预警信息,及时采用交通管制、人员撤离等措施，避免了滑坡带来的人员伤亡及财产损失。

大滑坡后，依托地质灾害智能管控平台，基于多源长序列数据分析显示：目前黄草坪变形体变形速率虽有所下降，但仍存在继续滑塌风险，并增设了4台智能感知设备和微芯桩系统。同时为满足当地群众的通行和生活需要，大渡河公司开展地质灾害监控大数据实时分析，在保障安全的前提下，修建应急抢险人行通道。

4.3.5 科学治理四川省大岗山水电站郑家坪变形体

(1) 基本情况

郑家坪变形体位于四川省雅安市石棉县和甘孜藏族自治州泸定县交界处大岗山水电站库区的省道S217，变形体总量超过320万 m³ 如图4.22所示。2016年2月，通过巡视检查发现郑家坪变形体区域发现裂缝。大渡河流域公司会同设计单位共同研究设置14个智能感知设备24小时不间断监控变形体变形发展趋势，同时将感知获取的大数据实时上传地质灾害智能管控平台。2016年5月1日前夕，提前4小时准确预报边坡大规模垮塌，及时发布预警信息，果断采取交通管制措施，成功规避了川藏公路生命线节日期间大车流量情况下的重大人身伤亡和财产损失。

图 4.22　郑家坪变形体预警监控画面

（2）科学制定方案

通过大数据感知及预警分析，郑家坪变形体稳定性差，变形继续发展可能形成崩塌或滑坡，危及省道 S217 交通、水上作业、电站运行等安全。为此，及时开展变形体治理方案研究，制定了永久治理方案。经公司多次组织讨论评审，确定治理原则为：在监测指导下，优先实施边坡临时整治方案，视情况再行实施隧洞永久整治方案。

（3）合理优化设计

在大数据感知及预警分析技术的有效指导下，2017 年 5 月安全顺利完成了变形体边坡临时整治工作，确保了通行人员及车辆的安全。经过 2017 年及 2018 年两年汛期的密切监测分析，目前变形体总体情况较为稳定，经公司组织专家评审论证，决定取消原设计长达 3km 的长隧道治理方案，节约造价约 1.8 亿元。通行方案优化如图 4.23 所示。

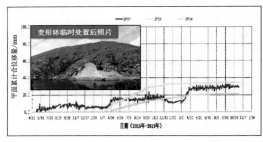 

（a）郑家坪变形体GNSS监测点平面合位移变化　　　　　　（b）优化变形体永久治理隧道
　　　　　　过程线图（下游2区）

图 4.23　四川石棉县大岗山郑家坪变形体区域省道通行方案优化

第 5 章

流域电力调度智慧化

随着我国电力体制改革进一步深化，"发、输、配、售"环节开始分离，发电企业需面对更加严酷的市场竞争。与其他省份不同，四川水电装机容量占比高达 80%，且汛期弃水严重，加之水电具有来水不确定性大、上下游关联性强、发电变动成本低等特点，市场竞争更加激烈。在此情况下，如何让流域多电站安全、高效、智能协同发电？如何在电力市场交易中获取理想的发电指标？如何做到梯级电站经济运行？为此，大渡河流域围绕电力调度智慧化进行了积极探索与实践。

5.1 思路与目标

大渡河流域构建水情、气象、设备、市场电力供给与需求等大感知体系，创建气象水情、设备健康状态、边际出清价等系列电力市场影响因素分析预测模型，开发适用于梯级水电竞价方案优化模型和梯级水电站自学习、自决策、自操控的智能"一键调"调度模型，以实现市场环境感知更全面、市场交易决策更科学、梯级发电调控更智能的目标。大渡河电力调度智慧化思路如图 5.1 所示，其主要包括以下几个环节。

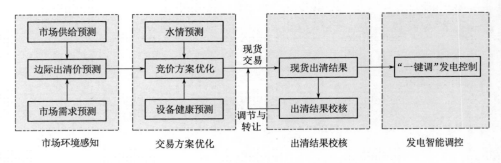

图 5.1   大渡河电力调度智慧化思路

（1）市场环境感知

电力市场环境感知是市场交易的重要环节。大渡河流域电力市场环境感知主要包括供给、需求、交易等信息。其中，供给感知包括历史发电、跨区购电、来水预测等信息；需求感知包括历史用电、跨区外送、大宗商品交易、天气预测等信息；交易感知包括市场历史交易电量及电价、市场需求预测曲线及市场发布的其他信息。同时，利用大数据技术对感知信息进行分析，研判市场供需形势，并对边际出清价进行预测，为电力市场交易决策提供重要依据。

（2）交易方案优化

大渡河流域以水电站水情预测成果（见第4章）、设备健康及可用性分析成果（见第6章）、边际出清价分析预测成果、水库水位控制目标等为边界条件，以大坝及库岸边坡安全稳定运行为约束，建立发电收益最大化优化计算模型，通过优化计算获得最优或较优的交易方案。在现货交易中，每个时段可申报多段量价组合，发电企业可根据市场形势及风险喜好，制订自己特有的竞价策略，并制定相应的交易方案。

（3）出清结果校核

通过市场交易后，出清结果可能出现梯级站间不匹配、电站发电负荷处于机组振动区等情况，为此大渡河流域对出清结果进行了模拟计算，检验出清结果的安全性、经济性。如：是否会长期处于振动区运行、是否会影响库岸边坡稳定、是否会影响防洪及供水安全等，若存在严重安全问题，应及时进行申诉。同时，需要检验上下游水电站出清结果的经济性，如是否会出现弃水、水库是否长期处于低水位运行，并通过中长期电量转让交易或实时现货交易进行调节。

（4）发电智能调控

梯级水电站间存在紧密的水力联系，科学安排梯级水电站发电运行方式，不仅可以减少弃水、降低耗水率，而且可以提升电站对电网安全稳定的支撑作用。大渡河流域应用梯级水电站负荷实时优化智能调控技术，根据现货出清结果或电网调峰调频指令，及时对梯级水电站进行发电优化控制，降低调度人员劳动强度，减少了人为干预，使流域梯级发电更安全、更经济、更科学。

5.2　关键技术

5.2.1　梯级水电站实时负荷智能"一键调"技术

大渡河流域梯级水电站在四川电网承担主力调峰调频任务，其所涉及的实时调控不仅与电力系统安全稳定运行紧密联系，还与梯级水电站的水情息息相关。而传统的电站自动发电控制技术（Automatic Generation Control，AGC）难以协调、经济地控制梯级水电站间负荷，极易引起水位大起大落、弃水以及水库拉空等现象，严重影响梯级水电站安全、经济运行。实时负荷调控因其约束条件众多、实时性要求高而变得更加复杂。

基于此，大渡河流域充分考虑电网、水库、机组、经济运行等多方面的影响，深入研究梯级水电站实时负荷智能"一键调"技术，构建了一套适应主力调峰调频梯级水电站的负荷实时智能调控模型，开发了流域梯级水电站负荷实时智能分配系统，实现了厂网协调模式下流域梯级水电站实时智能调控。

（1）模型设计

在我国现行的电力系统自动发电控制架构下，梯级水电站负荷实时分配应在电网 AGC 和电站 AGC 的中间层实现，在确保电力系统安全的前提下实现梯级水电站的经济调度控制。总体思路是：电网调度中心根据系统负荷需求或频率变化情况，给流域梯级水电站集控中心负荷实时智能分配系统实时下达总发电负荷指令；梯级水电站集控中心负荷实时智能分配系统则在监视各电站 AGC 运行状况的前提下，实时接收电网总发电负荷指令并实现总负荷在电站间的分配，并将负荷分配结果发送给各电站 AGC；电站 AGC 负责厂内机组间负荷分配，并返回执行结果（图 5.2）。

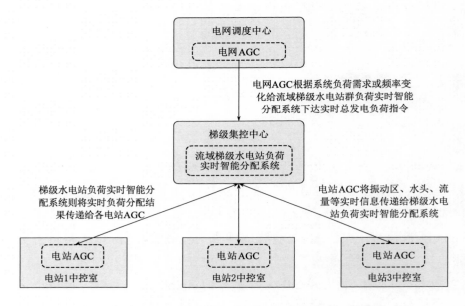

图 5.2　梯级集控中心负荷分配调度指令关系

（2）模型策略

在梯级水电站实时调度中，首先关注的是安全性，其次才是经济性。其中，安全性主要体现在两个方面：一是保障电网频率稳定、及时响应电力系统调峰调频需求；二是水电站运行水位、最小下泄流量等安全运行约束。经济性则体现在梯级有无弃水、流域耗水率是否最优、机组调节次数多少（减少机组损耗）等方面。

　　基于上述安全性和经济性要求，梯级水电站负荷实时智能调控技术将实时负荷调控分为调令模式和非调令模式两大类。调令模式下，当电网 AGC 下达负荷调节调令时，负荷分配系统自动匹配快速调节模型，按照总负荷调节速度最快原则，使得所有电站共同完成电网负荷调节指令所需的时间最短，满足系统调峰调频需求。总负荷调节到位后，在确保总负荷相对平稳的前提下，通过正向、反向同时调节转移站间负荷，将各站负荷分配为有利于水电站经济运行的方式，保障水能高效利用。

　　在非调令模式下，针对模型计算结果与实际调度结果的偏差，将水位运行区间划分为高水位运行区、可运行区及死水位运行区三段的方式，当水位进入高水位或死水位运行区间且没有返回可运行区的趋势时，自动匹配水位异常模型，重新分配站间负荷，以使得异常水位可尽快返回其可运行区，平抑计算误差带来的时间积累效应。具体为：在径流式电站死水位 Z_s 与正常蓄水位 Z_x 之间分别设置了一个水位控制范围 $Z_{down} \sim Z_{up}$，当实时水库水位 Z_t 满足 $Z_{up} < Z_t \leqslant Z_x$ 或 $Z_s \leqslant Z_t < Z_{down}$，则认为进入了较高水位或较低水位的异常运行区间；如果 $Z_{down} \leqslant Z_t \leqslant Z_{up}$，则认为在可运行区。水位分区控制原理如图 5.3 所示。

　　如果流域水库水位均在可运行区，且至少有一个电站有弃水时，自动匹配弃水最小分配模型，以减少电站弃水损失电量。

　　如果流域水库均无弃水时，根据调度总发电负荷指令值与其总实发出力的变化幅度大小，分别采用大负荷分配策略和小负荷分配策略。其中调令模式下可选最大蓄能、水位平稳、少调负荷、负荷平衡 4 类经济调度模

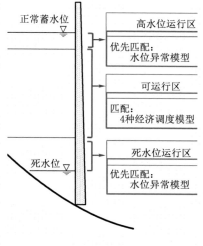

图 5.3　水位分区控制原理

型。非调令模式下，条件满足自动触发进入水位异常模型或弃水最小分配模型，其中水位异常模型优先级高于弃水最小分配模型。

另外，在现货交易市场模式下，梯级水电站执行现货交易结果。负荷分配系统获得并执行现货交易结果，当出现可能突破水位限制的安全约束时，系统及时预警。

5.2.2　调节性水库汛末分期蓄水技术

大渡河流域在科学利用汛期洪水方面做了大量的探索，其中汛末分期蓄水对调节性水库电站发电调度具有重要参考意义。

从流域降水、气候背景、大气环流形势、水汽来源、洪水出现时间及量级等方面的分析，大渡河流域具有明显的季节性变化规律，洪水整体呈由弱至强，再由强至弱的过程。即水库从非汛期进入汛期，再从汛期进入非汛期是一个渐变的过程。基于数理统计和系统工程学，大渡河不断探索洪水资源化应用，利用汛期分期的模糊分析、变点分析、相对频率和圆形分布等方法，将水库分期水位控制与中长期市场营销动态结合，适时突破传统汛限水位控制模式。

在不增加防洪风险的前提下，为了提高水资源利用效率、进一步发挥大渡河瀑布沟水库的调蓄作用，可对汛末入库洪水进行适时适度的拦蓄。问题的关键在于两点：一是如何把握水库来水的不确定性，较准确地划分汛末洪水；二是如何拟定较科学的汛末分期蓄水方案，实现风险与效益的平衡。

模糊水文学认为，汛期属于模糊概念，中间过渡性是汛期模糊分析基础。在过渡阶段，水库所处的阶段具有亦此亦彼的特性，即以一定程度属于汛期，又不属于汛期，这是汛期模糊分析的科学依据。下面以大渡河流域中游控制性水库瀑布沟水电站水库为例。

根据瀑布沟以上流域水文气象条件的实际情况，给定汛期物理成因指标的区间值，当入汛（或出汛）指标（取 $Q=2500\mathrm{m^3/s}$）小于区间下限，汛期隶属度为 0，指标值大于区间上限，汛期隶属度为 1。根据 6—9 月各日被历年汛期样本区间覆盖的次数，可以得到时间 t 属于汛期的隶属度，各日属于汛期的隶属度呈现为单峰状，如果取隶属度 0.80 以上为判定主汛期的指标，则可将主汛期划为 6 月 29 日至 8 月 12 日，同时考虑洪水分期的随机波动性，即主汛期可划分为 6 月下旬至 8 月中旬。瀑布沟水库汛期隶属度函数曲线如图 5.4 所示。

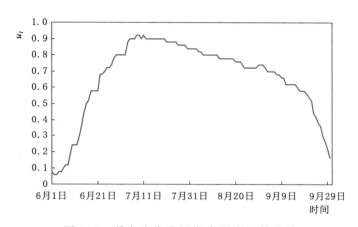

图 5.4 瀑布沟水库汛期隶属度函数曲线

从图 5.5 可以看到，8 月 10—20 日期间为一个明显弱空档期，年最大洪峰流量出现较少，之后峰、量又明显增大；从瀑布沟年最大洪水排序来看，8 月 20 日后洪峰流量大于 5000m³/s 量级的一共只有 3 次，其他发生于 8 月 20 日之后的洪水，量级均小于 5000m³/s。结合上文模糊分析方法的结论，可以认为 8 月 20 日以后的洪水属于主汛期向枯水期过渡阶段的洪水，8 月 20 日为主汛期与过渡期的分界点是合适的。

根据汛期阶段划分结果，拟定多个蓄水方案进行效益与风险比选。由于瀑布沟水库 8 月仍需为长江中下游预留部分防洪库容，为此结合水库调度方案的各种限制条件进行调洪计算，拟定从 9 月开始蓄水的方案。

在原水库调度图中按各蓄水方案修改 9—10 月的水位控制计划，以 1937 年 6 月至 2007 年 5 月共 70 年的旬径流系列对瀑布沟水库进行效益对比分析。综合考虑 9 月不同时期洪水量级的差别以及洪水成因，9 月 15 日前后洪水不论是量级还是出现次数，均有明显差别，9 月 15 日是一个较为

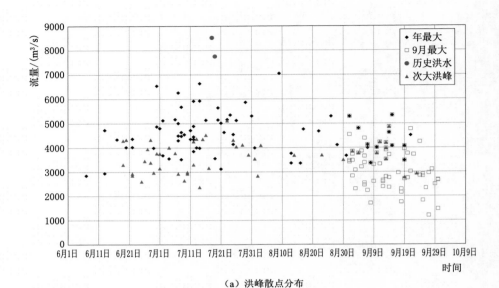

（a）洪峰散点分布

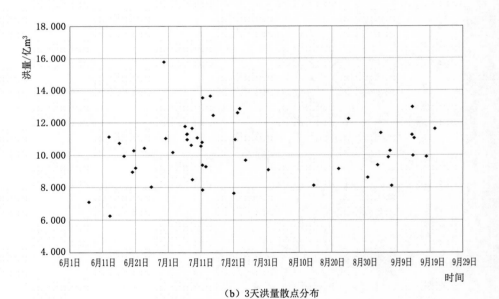

（b）3天洪量散点分布

图 5.5（一）　瀑布沟洪水统计分析

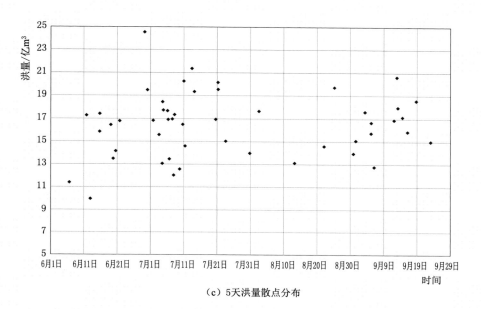

（c）5天洪量散点分布

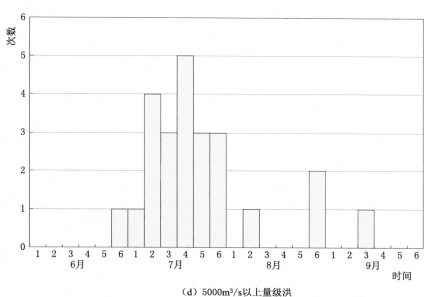

（d）5000m³/s以上量级洪

图 5.5（二）　瀑布沟洪水统计分析

明显的拐点，增加发电量与激进方案接近，且其校核洪水调洪后的水库最高水位与保守方案差别不大，基本实现了防洪风险与增发效益的平衡。

5.2.3　现货市场边际出清价预测技术

边际电价是指在现货电能交易中，按照报价从低到高的顺序逐一成交电力，使成交的电力满足负荷需求的最后一个电能供应者的报价称为系统的"边际电价"。四川电力市场采用统一出清价模式，因此边际电价是现货市场的关键，不仅决定了以边际电价结算的市场整体交易价格，而且将影响各市场主体的成交电量。但四川电力市场具有水电装机占比高、电力调度关系复杂、发电成本差异大等特点，大渡河流域在分析边际出清价影响因素的基础上，构建了支持向量机（SVM）构建预测模型，使用改进的基于种群增量学习的进化算法——DPBIL 算法对 SVM 的罚参数 C 和核函数参数 g 进行优化，以改善 SVM 的推广和泛化能力，形成 DPBIL – SVM 混合预测模型，其模型结构如图 5.6 所示。

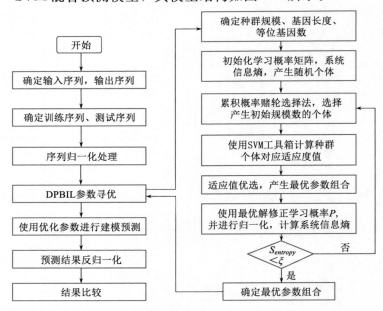

图 5.6　DPBIL – SVM 出清价预测模型结构图

根据实测资料情况，选取电力供需分析成果、天气、日分类等因子作为模型输入，预测结果作为模型输出，组成短期电价预测的训练序列和测试序列。模型对训练序列进行学习，确定预报模型参数，针对编码冗余问题，采用十进制进行编码，初始概率采用"等位基因等概率"的原则确定，并使用累积概率轮赌选择法产生初始种群。针对概率冲突问题，改进进化的方法，对最优解对应的等位基因概率加一个修正因子 x，并对所有概率进行归一化处理。

DPBIL - SVM 混合算法兼具整体进化和全局寻优特点，一次进化过程选取 60 个参数对并对每个参数对进行 432 次测试，大约进行 1000 次进化后达到系统信息熵的收敛域，数据处理效率较单一 SVM 穷举更高效，敏感信息的捕捉良好。训练及测试集对比如图 5.7 所示。

5.2.4　现货交易决策支持技术

大渡河梯级水电站电力市场交易决策围绕不同时间序列逐步展开。在中长期供需形势分析、设备健康和来水预测的基础上，滚动开展中长期和现货交易，合理控制调节性水库水位，确保合约执行并力争中长期发电效益最大化。同时，在现货市场中通过科学制定竞价策略，既保证中长期合约电量执行，又保证生产运行安全、经济。通过对长、中、短期及现货交易策略有机衔接和滚动优化，使水电能源资源在较长的时间周期内整体优化，实现梯级水电站安全可靠运行和效益整体最优。

（1）区域现货交易决策支持思路

四川现货交易包括日前和实时现货交易。日前交易中，水电企业需申报次日 96 点的十段出力和电价；实时交易中，需提前 1 小时申报未来数小时的发电能力。结合四川现货交易规则，按以下思路申报发电出力：

1）日前交易出力申报思路。首先，水电企业应根据对中长期来水

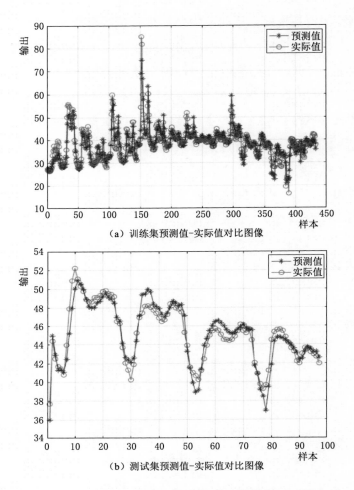

（a）训练集预测值-实际值对比图像

（b）测试集预测值-实际值对比图像

图 5.7　DPBIL – SVM 训练及测试集结果对比图

　　预测、价格走势，开展中长期梯级优化调度，以中长期优化调度水位控制策略作为现货交易出力过程测算的边界条件。然后，预测次日梯级水电站来水情况和边际出清价，作为现货交易出力过程测算的输入条件。其次，在给定边界条件和输入条件下，开展梯级短期优化调度，得到未来 96 点梯级发电出力过程。最后，根据交易规则，按照不同原则调整，获得日前 96 点十段出力和电价策略。

　　2）实时交易出力申报思路。由于日内实际生产过程中，存在较多因素变化，如上游或区间来水变化、上游电站发电出力过程变化、设备变化及市场环境变化等，可通过实时交易，修正变化影响。根据最新水情、市场信息开展来水预测和边际出清价预测，修改边界条件，滚动开展梯级短期优化调度，优化调整梯级出力申报方案。

（2）现货交易出力申报模型

在日前和实时现货交易时，大渡河流域各水电站需申报次日 96 点出力或未来数小时出力，需通过梯级短期优化调度，科学编制发电计划。优化调度模型中应考虑电网通道、梯级水位限制、水量联系、振动区、检修计划等约束，根据调节水库中长期优化调度确定的水位控制策略、预报径流、边际出清价，以发电收入最大化为目标，确定梯级水电站发电出力。日前现货交易以日为计算周期，获得 96 点发电出力过程；实时现货交易以未来数小时为周期进行滚动计算。出力申报模型为

$$I = \max \sum_{i=1}^{N} \sum_{t=1}^{T} (k_i Q_{i,t} H_{i,t} M_t p_t)$$

或

$$I = \max \sum_{i=1}^{N} \sum_{t=1}^{T} \frac{Q_{i,t} M_t p_t}{\delta_{(i,t)}} \tag{5.1}$$

式中：k_i 为第 i 个电站出力系数；$Q_{i,t}$ 为第 i 个电站在第 t 时段发电流量，m/s；$H_{i,t}$ 为第 i 个电站在第 t 时段平均发电净水头，m；M_t 为第 t 时段小时数；$\delta_{(i,t)}$ 为第 i 个电站在第 t 时段的耗水率；P_t 为第 t 时段电价因子；T 为调度期内计算总时段数；N 为梯级水电站总数。

模型中还需考虑水量平衡、梯级水电站水力联系、各水电厂机组过水能力、出力等约束，具体公式不再赘述。

（3）现货交易优化算法

梯级水电站短期优化调度与负荷优化分配是在多种复杂非线性约束条件下的多状态规划问题，电站数量及计算时段数增加以及精度提升均会造成计算维度的大幅增加，极易产生"维数灾"问题，为了在

求解效率和质量之间作出平衡，大渡河流域梯级优化计算采用逐步优化算法（POA）。

逐步优化算法是 1975 年由加拿大学者 H. R. Howson 和 N. G. F. Sancho 提出的，用于求解多状态动态规划问题。该算法根据贝尔曼最优化的思想，提出了逐次最优原理，即最优路线具有这样的性质：每对决策集合，相对于它的初始轨迹值和终止值来说是最优的。该算法将多阶段的问题分解为多个两阶段问题，解决两阶段问题只是对所选的两阶段的决策变量进行搜索寻优，同时固定其他阶段的变量，在解决该阶段问题后再考虑下一个两阶段，将上次的结果作为下次优化的初始条件进行寻优，反复循环，直到收敛为止。

短期发电能力优化计算时，梯级水电站调度期为 1 日，调度时间间隔为 15min，因此将整个调度期离散为 96 个时段，梯级水电站数为 N，电站序号为 i（$0 \leqslant i \leqslant N-1$），算法流程如图 5.8 所示。

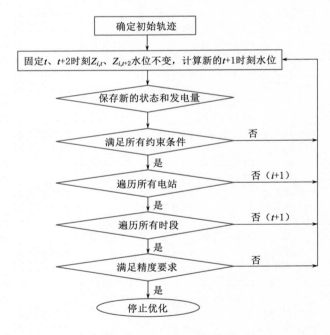

图 5.8　POA 算法流程

5.2.5 现货市场出清结果校核技术

梯级水电站间复杂的水力电力联系、来水的不确定性、电价波动等，一定程度上增加了水电参与电力市场的复杂性，加之市场出清的梯级水电站出力容易出现不匹配、处于机组振动区等现象，因此出清结果可能导致企业面临安全性或经济性的潜在风险。

大渡河流域运用水电站水能计算基本理论和方法，考虑电站运行过程中的多维度、非线性约束条件，最大限度模拟水库水位运行过程、机组发电出力过程，提前发现出清结果可能导致水电站安全生产和经济运行的风险。

电力市场出清结果校核技术，综合考虑水电站运行过程中的水量平衡约束、梯级水电站间水力联系、水库水位和下泄流量约束、电站机组过机流量和振动区约束、电站出力爬坡限制等复杂非线性约束条件，考虑梯级水电站间流量传播时间对电站优化运行的影响，在原有水电站水能计算理论和方法的基础上，设计分块多时序定出力算法，还原水库电站运行出力水位过程。在此基础上，选用评估指标对竞价的经济性进行分析，对电站生产过程中产生的弃水情况进行预估，以"差价合约"对一次完整竞价进行效益测算，从多个维度指导电站进行负荷调整或实时电量申报。

结合当日机组检修计划、调试停运计划等确定电站可用机组台数，计算校核相应电站振动区范围。在确定出清结果和电站初始水位后，系统将进行水位过程校核计算，结合水量平衡和梯级水电站间流量传播时间影响，考虑水电站多重约束条件，得到校核日内96点水库水位过程，并将水库水位范围进行分区，当出清结果使水库处于低水位运行时，及时进行预警。根据电站防洪、供水、航运及维持生态稳定对水位、流量要求，进行综合利用校核，当流量或水位计算结果不满足要求时则预警。对于发生弃水的电站，筛选出弃水产生的时段，将产生的弃水水量进行统计计算。校核中长期合约电量分解结果完成情况，基于"差价合约"方式对一次交易后的出清结果进行效益计算。

现货市场的环境下，电力生产以电力营销结果为指导，即电站实际发电过程应该按照成交后发电负荷曲线进行，但是在实际的发电过程中，由于受到实际工况、机组运行情况、AGC 负荷调整等一系列因素的影响，实际发电过程会与申报曲线、成交曲线存在一定的差异，破坏原始申报和成交过程中梯级电站上下游之间的水力电力匹配关系，因此有必要对实际发电过程进行实时跟踪采集，同时与申报曲线、成交曲线进行对比，指导实时电量申报。

5.3　应用案例

5.3.1　首次实现大型流域梯级水电站发电负荷智能协同调度

（1）应用背景

截至 2018 年年底，四川水能、太阳能、风能等可再生能源在川全口径装机为 9832.7 万 kW，占全省总装机比例为 87.4%。受来水、来风不确定及四川绝大部分水电调节性能较差影响，四川调峰调频电站负荷变化大、调节频繁，具有很强的随机性和不确定性。特别是 2019 年 6 月西南电网与区外电网异步互联，其同步电网规模仅为原西南—华中—华北电网的 1/6 左右，西南电网电源结构性矛盾进一步凸显，对调峰调频机组负荷调节的响应速度提出了更高的要求。大渡河中下游紧邻的瀑布沟、深溪沟、枕头坝三座水电站总装机为 498 万 kW，其组成的大型水电站群是四川电网主力调峰调频基地。实际运行中，深溪沟、枕头坝水库库容小，水位受上游瀑布沟负荷影响大，传统电站级 AGC 难以协调、经济地控制水位，常被迫处于停用状态，只能被动接受电网调度"带固定负荷"指令，导致两库极易出现水位大起大落、弃水以及水库拉空等现象，严重影响梯级电站安全、经济运行。

2017 年 4 月，大渡河流域公司研发的梯级水电站实时负荷智能一键调度系统（负荷"一键调"）得到成功应用，实现了梯级各水电站间负荷的实时、智能分配。投运前后在负荷调节工作效率、调节速度和准确度、电站运行效率及水能利用率等方面均有显著提升。

（2）负荷调整场景

瀑布沟水电站调节库容为 38.26 亿 m^3，具备不完全年调节能力，下游深溪沟、枕头坝一级作为瀑布沟的反调节电站，深溪沟水电站调节库容仅为 848 万 m^3，枕头坝一级水电站调节库容仅为 1230 万 m^3，水库水位受瀑布沟负荷变化影响较大。特别是瀑布沟水电站长期直接接收电网 AGC 下发的有功指令，负荷波动频繁，运行值班人员需要一直密切关注瀑布沟水电站负荷变化以及因此带来的深溪沟、枕头坝一级水电站水库水位变化、流域雨情信息、送出线路断面波动等数十个参数，实时人工计算三站水量和负荷匹配结果，一旦出现负荷匹配度差的情况，须及时联系上级调度人员，申请负荷做相应调整，尽量使下游两站负荷与瀑布沟水电站实时匹配，避免水库水位大起大落，减少弃水或者水库拉空现象。

1）典型手动调节负荷场景。某日，深溪沟水电站水位为 658.5m（正常蓄水位为 660m），入库为 $1800m^3/s$，出库为 $1500m^3/s$，流量差为 $300m^3/s$，每小时水位变幅为 45cm。瀑布沟水电站作为四川电网主要的调峰调频电站，接受电网 AGC 自动下发负荷指令，深溪沟水电站按照电网安排接受电网值班人员指令。枕头坝一级水电站水位为 621.5m（正常蓄水位为 623m），其出入库平衡，因而水位平稳。但其上游电站深溪沟一旦负荷增加，势必破坏这种平衡。

受电网高峰时段负荷持续增加影响，瀑布沟水电站负荷持续增加，深溪沟水电站无随动指令。运行值班人员多次联系电网，增加深溪沟负荷 200MW 以控制水位上涨。但均未得到电网调度的同意，深溪沟水位迅速上涨至 659.1m，接近上限水位 660m，且水位持续快速上涨，严重危及水库安全。此时，再次联系电网调度申请深溪沟水电站增加负荷 300MW，枕头坝一级水电站增加负荷 100MW。然而，电网仅同意深溪沟水电站先加 200MW。

收到负荷调整指令后，运行值班人员迅速按照爬坡率 60MW/min 要求依次手动调整各运行机组负荷，将电站上网出力调整至目标值。同时，严密监视水位上涨情况，继续向省调申请增加负荷，并做好泄洪设施开启准备，防止水漫大坝、水淹厂房等重大安全事故发生。

据统计，在传统的手动调节负荷模式下，瀑布沟、深溪沟、枕头坝一级三水电站平均每天向电网调度申请负荷调整 30 次以上、机组启停 10 余次、手动调节负荷 150 余次。为了避免漏调或调节不及时产生考核电量，运行值班人员需要设置定时提醒。另外，运行值班人员需同时考虑机组运行振动区、负荷调节爬坡率、梯级弃水及厂内经济运行，工作强度高，值班压力大。

2）典型负荷"一键调"场景。梯级水电站实时负荷智能一键调度系统投运后，电网 AGC 根据系统负荷需求或频率变化情况向梯级水电站实时负荷智能一键调度系统下达瀑布沟、深溪沟、枕头坝一级水电站的总负荷指令，梯级水电站实时负荷智能一键调度系统根据控制策略，对总负荷进行智能分配，并下发给三个电站 AGC，电站 AGC 执行并反馈执行结果。

一个典型的调整场景如下：梯级水电站实时负荷智能一键调度系统投"省调"运行，调度下发瀑布沟、深溪沟、枕头坝一级水电站的总有功给定值由 2800MW 设置为 3000MW。收到电网调令后，负荷一键调系统自动匹配当前负荷分配策略为水位平稳，比对各种安全约束，迅速给出分配结果为：瀑布沟水电站由 1980MW 设置为 2130MW，深溪沟水电站由 420MW 设置为 450MW，枕头坝一级水电站由 400MW 设置为 420MW，并立即自动下发至电站 AGC 执行负荷调整指令。在运行过程中，若深溪沟水电站或枕头坝水电站水位可能脱离正常运行区间却没有返回的趋势时，负荷一键调系统会自动检测判定，重新分配厂间负荷，调整负荷使水库水位尽可能运行在合理范围内。

负荷一键调系统投入运行后，电站负荷实现智能调节，水库水位自动优化控制，而且整个调整过程完全脱离人工干预。值班人员不再时刻盯着电站水库水位、出入库流量、系统潮流等数据，每年减少了深溪沟、枕头坝一级水电站负荷人工调节次数 3 万余次，有效降低了调度人员的工作强度；同时，通过基于水位运行区间的智能策略选择逻辑，提高了水工、防洪等方面的安全性；通过少调负荷、负荷平稳等调度策略，通过蓄能最大、弃水流量最小的调度策略，有效提高了梯级水电站运行的经济性。

在电网侧，大渡河梯级水电站负荷实时智能调控技术的投用改变了四川省电力系统的实时调控模式，即由"电网—电站"的两层调控模式转变为"电网—梯调—电站"的三层调控模式，同时，多站打捆参与电网调峰，增加了电网调峰容量，实现了电站侧和电网侧的双赢。

5.3.2 优化汛末蓄水过程经济和社会效益显著

水库调节库容的价值在于可对来水进行有效调蓄，提升水能利用率和供电质量。大渡河流域主要调节性水库都承担了下游防洪任务的，需预留一定防洪库容，影响了水库调蓄作用发挥。为此，有必要通过汛末分期蓄水等技术实现梯级精细化调度。在《长江流域防洪规划报告》和《长江流域综合利用规划报告》中，均要求瀑布沟水库在 8 月为下游预留防洪库容，瀑布沟 8 月还需承担下游的防洪任务。因此，瀑布沟水库分期蓄水的提前蓄水时间以 9 月为宜。

2016 年 7 月大渡河流域上游地区未形成大强度的持续性降雨，中游控制性水库瀑布沟的平均入库流量为 $2270\text{m}^3/\text{s}$，同比减少 12.25%，较多年偏枯一成。而 8 月受四川盆地持续高温伏旱天气影响，瀑布沟平均入库流量为 $1650\text{m}^3/\text{s}$，同比持平，较多年偏枯两成。大渡河流域公司根据 7—8 月主汛期来水情况和调节性水库汛末分期蓄水技术，开展了汛末蓄水分析，将 9 月 15 日作为瀑布沟水库汛末蓄水开始时间。

2016 年 9 月初，瀑布沟水库从开始逐步上蓄至汛限水位。9 月 15 日后，加大上蓄力度。9 月 30 日，瀑布沟水库最终蓄水至 847.07m。9

月，瀑布沟水库水资源利用率达到 100%。

2016 年，大渡河流域公司利用汛末分期蓄水技术多拦蓄水量 4.81 亿 m³，折算为瀑布沟及以下深溪沟、龚嘴、铜街子梯级 4 个水电站的综合电量为 3.36 亿 kW·h，节约发电用煤 11.59 万 t，减少烟尘排放 7.88 万 t，减少温室气体排放 30.19 万 t。

自 2013 年以来，通过汛末分期蓄技术应用，每年 9 月底将瀑布沟水库蓄水至 846m 左右（汛限水位 841m），至 2020 年年底瀑布沟及大渡河流域公司所属下游水电站累计增发枯期电量约 20.22 亿 kW·h。

实施汛末分期蓄水，可显著降低水库平水期蓄水对下游梯级发电出力的影响，提高四川电网平枯期供电能力。增发水电减轻碳排放压力，为四川建设资源节约型、环境友好型社会作出积极贡献。

5.3.3　成功在四川省电力市场现货交易试运行中支撑梯级水电站现货交易

四川是国家首批确定的八个电力市场现货试点省份之一，为贯彻落实国家发展改革委、国家能源局和四川省政府关于电力现货市场建设试点工作的安排部署，2017 年四川省启动了电力现货市场建设。随着建设推进，四川省分别组织了模拟交易、调电试运行、结算试运行。模拟交易是指市场主体在交易平台进行现货交易，但不依据出清结果进行发电调度和结算；调电试运行是指电网依据出清结果对发电企业进行发电调度，但不据此进行结算；结算试运行是指电网依据出清结果进行电力调度，并以出清结果和发电情况作为结算的依据。

2020 年 9 月 26 日至 10 月 25 日（即"电力市场月"10 月），四川省开展了为期 1 个月的现货交易结算试运行。该时段正好是四川水电由丰水期向平枯水期转换的过程，流域来水快速下降，调节性水库急需蓄满，各发电站的有效发电能力快速下降，市场供需形势快速从供大于求向基本平衡、再向供不应求转变。这对市场营销团队提出了以下要求：①必须准确预报来水过程，精准预测公司所属各电站每天的发电能力；②必须准确研判全省供求关系变化情况；③必须全面把握每天的每个时段价格变化规律；④必须科学制定公司所属各电站竞价策略。

四川电力现货市场采用集中式市场模式，价格出清采用系统边际电价。优先发电计划和外送电量作为现货市场的边界，物理执行；省内中长期合约电量按照"差价合约"。批发市场用户及售电公司在日前市场报量不报价，根据实际用电曲线、日前需求曲线、中长期结算曲线，采用"差价合约"结算。

2020 年 10 月，大渡河流域公司在中长期合同电量分解、供需形势研判、边际出清价预测、交易决策支持、出清结果校核等方面，利用现货交易决策支持技术，实现高效、科学、优化的现货交易，有效提升了企业市场竞争力。

（1）梯级中长期合同电量分解

目前，四川省中长期合同电量的品种较多，主要包括：跨省跨区电量、优先电量、年度和月（周）双边协商交易、年度和月（周）直接交易、年度和月（周）挂牌交易、富余电量、弃水期低谷电量、精准扶持电量、发电权及合同交易等。利用现货交易决策支持系统，对大渡河流域公司所属梯级 9 个水电站中长期合同电量进行分解，将合同电量按照市场规则和合同约定方式分解为每日 96 点出力过程，使交易人员清楚、便捷地掌握各电站每时每刻的中长期合同电量指标情况，并作为电力申报策略优先确保任务，避免因交易策略错误导致合同电量损失，且明显提升了申报工作效率。

（2）边际出清价分析预测

边际出清价分析预测是现货交易中的关键。2020 年 10 月，随着电力市场开展，大渡河流域公司主要收集了全网每日发电、用电、外购、外送、天气、出清价等数据，并与日期类型（是否是节假日或特别活动日）一起作为影响因子，构建了基于支持向量机等人工智能算法的边际出清价预测模型。但因正处于现货交易市场初期，积累的历史数据较少，暂无法满足模型训练和电价预测的需求，为了检验模型的有效性，利用欧洲现货交易市场历史数据进行了模型检验，效果不错。同时，利用欧洲市场历史数据分析了电价的主要影响因数，并将四川省电力市场供需情况与电价进行相关性分析，以指导现货交易的申报策略。随着历史数据增加，后续可对更多影响因数进行相关性分析，以洞悉边际出清价的部分规律，不断完善模型，并进行模型训练，逐步提升边际出清价预报精度。

（3）制定现货交易申报策略

根据四川现货市场交易规则，以整体效益最大化为目标，根据流域水情、可用设备容量、边际出清价、水库目标水位等边界条件，充分考虑水库运行、设备安全、库岸稳定、通道拥塞等约束，建立梯级量价申报策略优化模型。根据市场供需形势，确定现货交易策略。

大渡河流域利用现货交易决策支持系统，自动生成各电站 96 点 10 段量价申报方案。大渡河流域 10 月一般为汛期至枯期转换时期，前半段可能为弃水期，后半段可能为非弃水期，弃水期和非弃水期将采取不同的现货交易申报策略。2020 年 9 月 26 日至 10 月 15 日为弃水期，属供大于求，现货申报总体策略是按多发电、少弃水、积极争取发电指标；10 月 16—25 日为非弃水期，属供不应求，现货申报总体策略是综合考虑来水、水库蓄水目标，科学制定梯级上下游电站匹配的量价申报策略。最后，根据竞价策略形成优化后的竞价方案，指导市场交易。通过现货交易决策支持系统显著提升了现货交易工作效率，优化匹配了梯级水电站发电指标，有效减少了梯级弃水损失电量，优先确保了中长期合同电量执行，切实提升了梯级水电站发电效益。

（4）梯级水电站交易校核及时纠偏

大渡河流域公司对市场出清后出清结果的负荷过程进行模拟推演，并考虑水电运行过程中的多维度、非线性约束条件，还原水库按照负荷过程发电生产时的水位过程，对可能造成水库水位异常、影响综合利用要求、机组振动区运行等风险进行排查，对产生的弃水电量进行预估，对当日竞价产生的效益进行核算。对存在较大安全风险的出清结果，及时向交易中心和调度中心进行申诉，对梯级间不匹配的在实时交易中再次进行电量申报，滚动匹配梯级发电负荷，以最大限度保证水电站安全和效益。

在 2020 年 10 月的现货交易过程中，系统多次识别梯级电站间负荷不匹配的情况，并给出梯级负荷调节建议。特别是 3 次在非弃水期出现的梯级负荷不匹配预警，并在实时交易中进行电量调节，避免因负荷不匹配导致水资源浪费。

综上所述，现货交易决策支持相关技术较好地解决了市场信息感知、边际出清价预测、梯级竞价方案优化、出清结果校核等问题，显著提升了发电企业参与现货市场的竞争力及工作效率。

第 6 章

设备运检智慧化

设备运行、维护及检修（简称"设备运检"）直接关系到设备安全、稳定、高效运行，是保障水电站安全生产的核心业务。传统的水电站运检主要依靠人员的重复巡检，并依靠专家经验进行设备检修决策，存在巡检方式单一、安全管控困难、数据孤岛严重、过修盲修普遍等问题。

随着大数据、人工智能的技术进步，提升设备运检智能化水平，实现设备运检智慧化已成为可能。近年来，大渡河流域在设备操作控制、状态监测、应急处置、故障诊断等环节开展了数字化、智能化、智慧化探索，极大地提升了运修效率，提高了设备运行可靠性。

6.1　系统架构与建设目标

6.1.1　系统架构

大渡河流域广泛应用云计算、大数据、物联网、移动互联、人工智能等先进技术，集成智能传感与执行、智能控制和管理决策等专业技术，融入先进的管理思想，实现信息采集自动化、数据传输网络化、数据分析智能化、决策支持科学化。

　　大渡河流域设备运检智慧化主要通过构建信息感知平台、运行控制平台、数据管理平台、评估诊断平台、决策指挥平台来实现，其系统架构如图 6.1 所示。

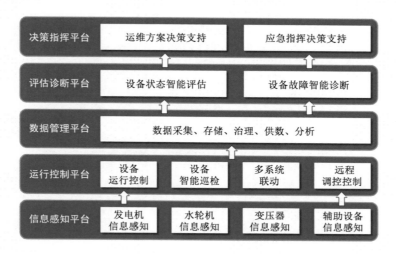

图 6.1　大渡河流域设备运检智慧化建设系统架构

　　信息感知平台是对电站设备信息进行全面感知，包括发电机、水轮机、变压器及辅助设备，实时动态掌握设备运行情况，按照数据标准进行数据治理，并存储在大数据平台。

　　运行控制平台是利用自动化技术，提升电站自动化水平，减少人员现场操作，逐步实现现场无人化。如通过计算机监控系统实现设备远程控制，通过智能机器人或智能巡检系统，实现设备智能巡检，建立多系统联动模型，实现监控系统、工业电视等业务系统之间智能协同、联动。

　　数据管理平台是通过云计算技术，实现数据采集、存储、治理、供数服务，并通过大数据分析服务，为水电设备运检智慧化提供数据支撑。

　　评估诊断平台是通过故障知识库、设备机理建模、大数据技术及人工智能学习方法，实现设备状态智能评估、设备故障智能诊断。

决策指挥平台是建立设备管理专家知识库，利用知识推理技术，自动生成设备运行、维护及检修方案，通过人机交互的方式实现方案在线推演，为设备管理提供科学、高效的决策支持，并对现场紧急状况处理进行指挥和支持。

同时，大渡河流域水电设备运检智慧化业务还规划了四大业务中心，其运行管理模式如图 6.2 所示。

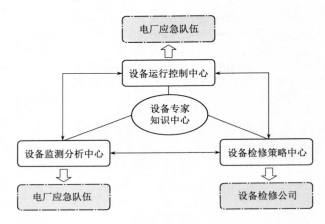

图 6.2　大渡河流域设备运检智慧化业务模式

（1）设备监测分析中心

通过实时监测设备数据，感知设备运行状态，建立状态分析模型，实现设备健康状态动态评价，及时发现设备异常情况，基于设备健康状态预测预警模型，指导电厂应急队伍及时、科学地处置设备异常，实现状态检修。

（2）设备运行控制中心

设备运行控制中心，负责设备远程运行监视和控制，利用智能巡检机器人等智能巡检设备，及时掌握设备运行情况，一般情况可远程操控设备，重大操作或设备异常情况可交由电厂应急队伍进行及时处理。

（3）设备检修策略中心

设备检修策略中心，能够精确定位设备故障，利用检修专家知识库，充分考虑设备故障原因和受损程度，自动生成检修方案，同时通过人机交互的方式，不断优化方案，制定科学、可行、优化的检修方案，为设备检修提供方案支撑。

（4）设备专家知识中心

设备专家知识中心，构建并管理设备运行机理、故障案例、检修方案及过程、检修后评价等专家知识库，对设备相关专家知识进行统一管理，为设备运行、评价和检修提供决策支持。

6.1.2 建设目标

在水电站运检智慧化建设过程中，大渡河流域规划了电站设备智能巡检、业务协同联动、风险智能识别、故障智能诊断的建设目标。

（1）设备智能巡检

水电站巡检是保障设备安全运行的重要手段，是掌握设备运行状况及周围环境的变化、发现设备缺陷和危急安全隐患的有效措施；同时也是设备运行状况表征数据获取的重要途径。大渡河流域以各类设备、情景理解、全维数据为主体，利用智能机器人、高清摄像头、智能传感等设备模拟人工巡检，通过图像、音频等数据智能识别模型构建，实现了设备缺陷预警预测，人员不安全行为、环境状态变化全面感知。

通过智能巡检系统统一调度和管理智能巡检机器人、高清摄像头、宽频段声学传感器等智能感知设备，将重点部位重要设备的实时高清视频、图像、声音、温度等感知数据回传，实现视频、图片、语音、数据的双向实时传输。利用人工智能技术，对设备回传的数据进行智能分析和处理；通过神经网络、机器学习等先进技术，对声音、图像、视频等数据进行识别、处理及深度学习，综合分析判断设备异常情况并自动发送报警信息。

（2）业务协同联动

打破传统管理中各大生产系统相对独立的技术壁垒，整合全站所有生产系统资源，建立多系统联动交互功能，将计算机监控系统、通风控制系统、消防系统以及工业电视、门禁、安防、生产管理系统等核心系统智能联动，构建系统间潜在逻辑联系，打破各系统界限，实现数据的共享与集中，系统功能联动，建立强大高效的跨系统联动功能，满足正常工况下的机组设备现场无人操作要求。

同时，通过现场部署的多维设备状态感知与健康分析评价预警系统，与智能巡检系统等多系统联动，实现现场异常的应急处置，也可为远程会商提供更丰富的信息支撑。

（3）风险智能识别

通过多种智能穿戴设备，与各电厂日常安全管理、隐患排查治理、外包项目管理、动态风险预警以及违章智能识别等子系统联动，内嵌工作安全分析模型，实现"人、机、环、管"各要素在生产活动全过程中的最佳匹配，打造"风险识别自动化、风险管控智能化"的智能化安全管理模式。

（4）故障智能诊断

通过故障机理分析或大数据建模，建立故障诊断模型，实现设备故障诊断，并建立检修专家知识库，构建检修决策推理模型，分析判别设备故障原因，制定检修方案，优化调配检修资源。

6.2　关键技术

6.2.1　基于计算机视觉和人机协同的电站智能巡检技术

随着人工智能技术的发展，机器人、计算机视觉、大数据分析等人工智能技术的应用日渐普及与多元。目前，越来越多的行业开始尝试使用机器人、计算机视觉等来取代传统的人工检测，尤其是人工检测较为困难或判断不一致的部分。例如，在生物医学工程上，人工智能广泛应用于 CT 成像技术、医学显微图像的处理分析、X 射线图像等医学诊断方面；在工业和工程领域中，人工智能应用于自动装配线中检测零件的质量、印制电路板的瑕疵检查、弹性力学照片的应力分析、流体力学图片的阻力和升力分析、在有毒或放射环境内识别工件及物体的形状和排列状态等；在公共安全方面，人工智能应用于刑事图案的判读分析、人脸鉴别以及交通监控或事故分析等。

大渡河流域结合水电站设备运行巡检管理实际，充分利用现有的机器人自动化控制技术、智能感知技术与人机交互技术，结合云计算、大数据、物联网与人工智能等先进技术，构建一套数据模型与巡检业务的深度融合、巡检智能化程度高、受人为经验影响少的智能巡检方法，为人工分析决策提供必要的技术性指导，保障水电站机组设备的安全稳定运行。

（1）技术特征

智能巡检技术通过采用"移动感知＋固定监测"相结合的水电站设备状态和环境信息多源感知方式，模仿运维人员日常设备巡检工作中的"望""闻""问""切"，设计智能巡检系统可视、可听、可嗅等功能。基于计算机视觉、视频处理识别、声学信号分析等智能技术开发系统"大脑"——智能巡检管控平台，对采集的图像、视频、声音等进行识别、处理及深度学习，准确诊断设备异常状况，形成适用于水电场景的图像识别、视频流识别等算法模型，使之具备"智能"能力，从而代替人员的巡检工作。主要具备以下特征：

1）具备更明亮的"眼睛"：拥有多个高清摄像头作为智能巡检系统的眼睛，能识别各种表计及环境的"跑、冒、滴、漏"。

2）具备更敏锐的"耳朵"：通过宽频段声学传感器感知接收特殊环境产生的异常声音，通过日常数据积累和模型训练让系统具备辨别异常声音的能力。

3）具备更灵敏的"鼻子"：多种智能传感器让系统能感知特殊气

体的气味。

4）具备更敏锐的"感知"：高灵敏度的红外测温技术让系统能更灵敏的感知设备异常温升。

5）具备更专业的"诊断"：通过日常多数据对比和分析，辨别设备异常类别与异常程度，形成智能巡检系统的诊断能力。

（2）多维巡检数据的智能采集技术

大渡河流域针对水电站的洞室构造及厂房的纵向分层、横向分室的复杂结构，主机、辅机、油水气设备交叉布置及设备布置不规整的特点，通过巡检机器人（图 6.3）、可见光摄像头、红外热成像、声音采集、气体传感器等多种巡检装备，打造了多维度的数据智能采集技术，实现了视频、音频、温度、振动等数据的有效融合与集成，并整合水电站数据平台内完备的设备运行数据信息。智能巡检机器人是开展巡检工作的主要设备，也是对电站设备和现场环境安全监管的主要设备，是实现电厂无人巡检、自动预警的综合管控系统，可大幅减轻运行人员的劳动强度。

机器人前端采集仪器要具有"耳朵、眼睛、鼻子、触感"等仿生感知功能，实现其可到达区域所涉及设备的画面、声音、环境（漏油、漏水、遗留物、异常等异常状态）等要素感知。其他智能巡检装备是系统重要的辅助监测单元，包括热成像摄像装置、宽频段声学传感器和温湿度传感器等智能部件组成，主要应用于风罩、风洞、下机架、水车室等受限空间，具备温度、异音、积水、漏油、振动等环境状态的感知能力。通过多维智能采集技术，实现水电站巡检无死角、全覆盖检测，满足设备健康状态全要素、全时段、全维度智能感知要求。

目前，用于水电站的智能巡检机器人，主要分为轨道机器人和轮式机器人两种类型。轮式机器人主要应用在电厂发电机层、水轮机层等较为宽阔、地面较平整的主厂房空间。轨道机器人主要应用于电缆廊道、风洞等狭窄空间。

大渡河流域自主研发应用的智能巡检机器人主要由云台、避障装

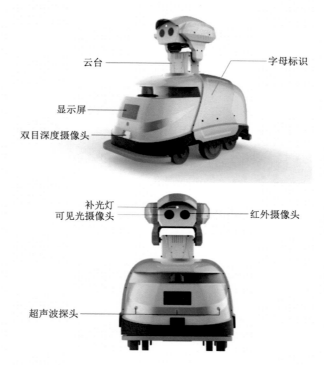

图 6.3 水电站智能巡检机器人（轮式）结构图例

置、充电装置、行走机构等组成，具有以下基本功能：

1）视频图像智能识别：巡检机器人搭载高清可见光摄像机，利用计算机视觉技术，对机械表计、数显表、液位计、断路器和阀门位置等进行图像、视频采集，识别分析，实现智能识别。

2）红外精确测温：巡检机器人搭载红外成像仪，对有待测温的设备以及关键点进行红外图像采集、智能识别和分析，实现有关设备的温度监测、报警和趋势分析。

3）音频智能识别：搭载定向拾音传感器，按照声音来源方向，在混杂的信号中进行目标信号的拾取，即仅拾取特定方向传播来的声音信号，屏蔽其他方向的噪声、干扰信号，达到增强目标语音的效果。根据声波的传播特性，利用声信号的时间、空间和频率特性，研究定向拾音技术，在智能后台中进行实时分析，发现异常状态。

4）双向语音通信：巡检机器人搭载双向语音系统，安装有应急广播扬声器和监听麦克风，用于系统后台和现场人员进行双向对讲，实现对现场的远程监控指挥。

5）自主导航与定位：采用激光导航与 SLAM 算法定位，实现机器人自主导航，提高定位精度。

6）自动充电：当巡检机器人电量低时能够自动返回充电装置进行充电。

7）预警与报警：巡检机器人通过对历史数据统计与趋势分析，能够提前预测可能出现的设备故障和运行环境缺陷，并及时发出预警信息。

巡检机器人还通过搭载气敏传感器或传感器阵列，将气体及浓度信息转化为电信号，利用模式识别方法，分析确定气味的类型。通过系统的在线学习分析技术确定气味与设备的关系，完成现场设备异常状况的监测与识别。

（3）真实环境下图像智能识别及巡检任务智能分配机理模型

针对大渡河水电站设备运行状态情景理解系统的性能特点和发展情况，以水电站设备运行状态监测要素、环境特性等全维数据为研究对象，研究基于机器人、辅助巡检装备等感知元件开发的智能感知系统，对前端感知的信息进行智能识别和逻辑关联，模拟人脑思维模式，实现自主分析、自主学习、逻辑归纳、关联分析，并与其他系统进行联动，实现系统间互分析、互操作等功能；同时其内部的思维模块按标准化设计，利于复制和推广。

基于对水电站巡检作业场景内各智能设备及系统的应用功能梳理分析，构建水电站巡检作业各典型场景下的任务智能分配业务模型，通过人与智能设备及系统之间的协同工作，有效提升人员现场作业的效率，打通现场人员、后台管理人员、专家以及智能设备之间的协作壁垒，构建一体化的作业协同体系，涵盖水电站现场作业数据智能获取识别、风险预警主动提示、作业信息辅助决策、闭环管理、数据结构化存储等全业务协同流程。同时利用物联网和网络通信技术，在满足数据安全的前提下全面保存现场作业数据，助力安全质量管控，并以数据安全为前提，为巡检作业的技术人员、后台管理人员和智能分析终端提供实时的团队协作、现场指挥、专家指导、安全监管、交互决策及风险预警等应用，从而有效地提高现场工作效率，指导安全作业，减少人为失误，事故原因可追溯，为巡检作业保驾护航。

6.2.2 基于智能穿戴的电站作业安全风险过程管控技术

"安全"是发电企业立足和发展的根本前提。在水电站，安全管理泛指管理者为保证水电站安全而对于一切相关要素的管控行为，尤以动态管控为主。与现阶段生产力水平相适应，生产实践中人是最重要的生产力来源之一，因此人身安全是安全管理的第一要务。

人身安全、设备安全和环境安全是相辅相成的。人的作业直接作用于设备，作业的过程和结果都会产生环境的变化。设备的状态随时可能发生变化，同一设备的上一秒钟是不带电状态，下一秒钟可能就会变成"吃人老虎"。环境的状态也会随着时间空间发生改变，前几天可能是平坦地面，这几天就可能变成井坑孔洞，纵横交错的各种环境安全因素在无意中发生着诸多变化。如何让人在错综复杂的不安全环境中安全作业，是安全管控的重要命题。

大渡河流域构建了基于多维信息融合感知的安全风险管控中心，通过辨识生产经营中存在的风险或危险因素，定性、定量地分析其严重程度，制定并落实一系列措施和规定来管理生产作业活动，将一切不安全因素在发生前进行有效控制，从而改变了传统的安全管理模式。

首先，工作流程简单透明。传统作业中，安全工作审批通常以纸质单据层层流转，安全工作落实通常通过安全专职管理人员到现场逐一审核确认，这种管理效率通常不高。新方式利用移动互联技术，不同环节的审核人员可便捷、高效进行处理，信息变化状态实时透明更新，并通过图像智能对比技术智能分析整改落实情况，安全管理过程可追溯，工作痕迹不易被篡改，提高了安全隐患发布和整改的效率，也使整个工作环节更加透明且有据可查。

其次，纸质台账彻底消除。传统管理中，管理人员在现场检查时常用"手写记录＋拍照取证"的方式，纸质台账在生产现场容易污损或遗失，且不便于携带。新的管理方式中，每个管理环节的人员都可以通过移动终端，实时记录台账信息，可以有效改善传统管理的不便。

最后，自动预警避免疏漏。通过与各专业数据中心互联互通，使得安全管理数据的来源更加全面多样，判断预警的信息依据更加充分可靠。通过与所辖电厂的日常安全管理、隐患排查治理、外包项目管理、动态风险预警以及违章智能识别等子系统联动，与工业电视系统、标准图像库、智能安全帽、智能安全带、智能安全梯、智能手环（图6.4 和图 6.5）等一系列智能设备的实时数据动态互动，实现了"人、机、环、管"各要素在生产活动全过程中的最佳匹配，打造了"风险识别自动化、风险管控智能化"的智能化安全管理模式。

大渡河流域安全风险管控体系分为三个使用层级：公司本部、基层单位、职工个人。

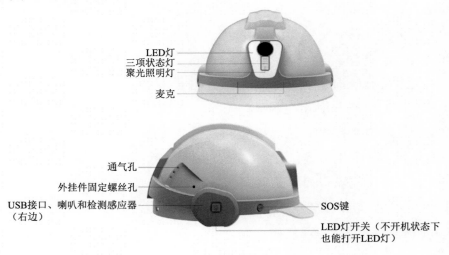

图 6.4　智能安全帽

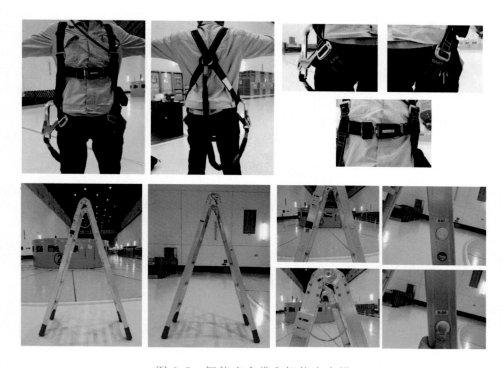

图 6.5　智能安全带和智能安全梯

公司本部主要通过硬件网络体系、应用支撑体系、信息安全体系，全面汇集、分析、挖掘公司总部和基层单位的各类有关安全风险数据，实现安全风险管控预警，并形成安全管理的基础业务平台、核心业务平台、决策支持平台和移动应用平台。

基层单位主要基于数据驱动理念实现基层单位安全管理的预警提示自动化、信息处理电子化、隐患排查标准化、安全巡检移动化、岗位责任明确化、绩效考核定量化。它有效强化了部门和班组严格落实安全生产主体责任，把问题解决在基层，把隐患消灭在萌芽状态，用信息技术推动安全生产隐患排查真正落地。

职工个人与办公 PC 端共用系统生产数据，用信息化技术和移动终端提高各级安全管理人员的工作效能，为基层员工减轻负担。它紧密结合安全重点业务，从数据驱动一致性、协同性、便捷性、易用性、体验感等方面进行设计、实施。可以通过移动 APP 实现现场交底，作业前风险分析预控。能够及时推送工作预警、提示，移动审批，缩短流程审批时间。可以实现隐患排查、现场检查快速上报，提高现场工作效率。还能灵活便捷、随时随地查询安全风险状况。

依据半定量评价法建立了风险动态评估模型，可以实时反映电厂或电厂各个生产区域的风险值。这种基于半定量评价法的风险动态评估模型，实现了危险源（点）自动分级匹配功能。通过危险源（点）分类、各级岗位人员安全职责编码，自动将识别出的风险分配至四级危险源管控具体责任人，将安全风险分级管控模式智能化、高效化，实现了风险自动预警，对运行安全风险实现了从评估到管控的全过程管理，智能计算区域整体风险。实时动态预警，为管理人员管控安全风险提供依据。

6.2.3　基于多维信息融合感知的设备健康状态及故障分析预警技术

在水电站设备运检过程中，会产生大量的设备检修记录、故障案例等数据。这些信息可以为决策人员提供信息参考，提高维修保障的效率及精准性。

虽然大渡河流域各种监测监控数据、设备状态数据、生产自动化数据以及安全业务管理数据等为安全生产管理提供了有力的数据支撑，但是随着信息化进程的加快，数据的多源化、异构化、海量化也为数据高效集成和共享带来了困难，相关业务人员无法从中快速有效地获取有用知识，从而也无法依据数据进行更精准、更高效的检修工作。知识图谱提供了一种可以从海量数据中抽取结构化知识的手段，同时可以让机器具备认知能力，从而成为数据分析的关键技术之一。大渡河流域将知识图谱技术引入到水电站检修领域解决了目前难以从检修数据中心的海量数据中高效抽取关键知识以及让机器具备认知能力的难题。

大渡河流域知识图谱按照"实体-关系-实体"或"实体-属性-属性

值"这两种三元组的关键知识彼此连接组成。其中，实体为最基本的元素，通过两两间的关系连接，进而构成结构化的知识网络。在生产运行中，设备就是知识图谱中的实体，例如水轮机、励磁盘等；实体可包含多个属性，描述实体可能具有的属性、特征、特性、特点以及参数，例如投运时间、安装地点、生产厂家等。每个实体拥有唯一的ID来与其他实体进行区分，每个属性值对应描述实体的内在特征，而关系用来描述实体之间的关联。以变压器的设备知识图谱为例（图6.6），设备重大缺陷 A0001 是一个实体，检修人员是一个实体，重大缺陷 A0001-需要检修-检修人员是一个"实体-关系-实体"的三元组样例。转子是一个实体，厂家是其一种属性，具体厂家是属性值。"套管-厂家-具体厂家"构成一个"实体-属性-属性值"的三元组样例。

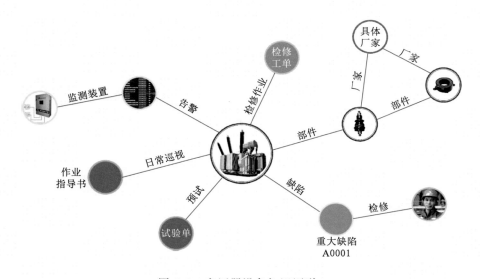

图 6.6　变压器设备知识图谱

以检修数据中心的数据源为基础，采用自顶向下和自底向上相结合的方式，构建水电设备检修知识图谱。即：首先人工定义数据模式，再针对数据模式的特定关系抽取信息。优先使用检修数据中心的数据源，再通过其他通用数据源进行补充。构建知识图谱是从多种数据源出发，经过信息抽取、知识融合、知识加工三个阶段，抽取出数据中的关键知识，然后将其存入到数据层与模式层中。为了保证知识图谱的实时性，还需按照整个技术流程对已经构建的知识图谱进行更新迭代。

水电设备检修知识图谱提供了一种利用和管理海量异构数据源的有效方式，大量的设备检修数据得到良好的表达与组织。将其应用到设备检修领域内，建立了水电机组故障自主学习的特征库，研发了设备健康度实时评估模型及健康趋势早期预警方法。

（1）设备数据分析

大渡河流域首先对单一设备数据综合分析，通过一段时间内，对设备多层面状态数据的收集和分析，总结设备运行规律。在此基础上，对同一测点在不同机组间的同名测点的集合进行趋势分析。选取多组样本相同或相似设备的数据做分析，总结规律更加真实，更有助于设备的分析和总结，为运行维护提供指导。在总结设备运行规律的基础上，制定合理的设备动态定值。在不同工况下，结合水头、所带负荷、环境温度、季节变化等因素，总结、确定动态的定值。通过对设备的数据分析，判断设备的健康状况，评价设备的状态，为状态检修提供决策。

（2）故障库建立

对水电站设备的历史数据、运行数据、检修数据及设备故障等数据进行整合、收集，建立设备故障库，广泛积累故障数据，为故障诊断方法的研究提供更多的样本。故障库展示设备故障前、故障中的运行状态和数据，记录设备故障的分析过程、方法、方向及故障处理措施。通过故障库，不同电厂专家跨空间交流，实现设备故障快速分析和解决。

（3）故障预警

在设备故障库的基础上，结合流域内外部发生的典型设备故障，收集故障前、故障中、故障后设备关键特征数据进行分析，并总结特征参数变化规律，构建故障预警模型。当设备的特征参数变化符合故障征兆时，发出故障预警，使运维人员能够及时采取措施，将设备故障消除在萌芽状态，防止设备故障扩大。同时，系统提示下一步发展或变化方向，以便为运维人员采取措施提供决策支持。

（4）状态量化

设备状态量化评价技术采用分区评价方法，是对反映设备健康状态的一组特征量进行评判的技术，评价的结论以 A（良好）、B（合格）、C（异常）、D（危险）四级来表示，每一个特征量与具体的检修内容相对应，可以直接定位故障和缺陷。这种技术是一种用于状态评价的算法策略，非常适合在计算机系统，尤其是平台系统上在线执行，形成可工程化配置的全自动在线故障诊断系统。

6.2.4 设备健康状态决策支持技术

传统的水电检修采用计划检修模式，管理中以各工种为界限，划分不同专业班组，检修期各班组分别完成各专业子项目，检修工程中各专业人员的抽调、工作安排、奖励分配管理权限在各班组，各班组管理相对独立。在检修项目繁杂、人力资源短缺以及市场竞争压力下，传统检修模式越发不能适应目前水电检修的高速发展，为此大渡河流域探索了一种全新的检修模式与管理方法。

（1）创新构建管理模式

围绕大渡河流域水电设备状态检修思路，自主创新构建了一套"多位一体"检修智慧决策与执行管控模式。其中"一体"是指，该管控模式整体基于同一套水电设备运行、检修工作流程，针对各工作流程统一明确了流程关键节点、检修决策策略和执行管控要求等内容，整体形成一套"一体化"的从决策指挥到执行管控的业务关联关系树；其中"多位"是指，在这套业务关联关系树中具体的业务要素，如：人力资源、财务资金、设备物资、项目管理、规范标准、安全监督、风险管控等方面内容。

（2）技术创新应用

"多位一体"检修智慧决策与执行管控模式的落地，应用了大量创新技术。

在数据层方面，不仅限于设备健康状态实时监测、诊断分析、趋势预警技术提供的设备健康状态数据信息，同时也汇聚了跨专业跨部门的人资、财务、物资、设备、项目等企业核心资源数据信息。

在应用层方面，围绕水电设备运检全过程管理决策支持与执行管控的需要，根据设备当前与未来可能出现的设备健康状态风险，构建了设备故障决策库、设备健康趋势风险决策库，同时也根据设备的健康状态风险分级分类，构建了应急抢修执行管控决策库、计划检修执行管控决策库、常态化运行维护决策库等。

在人机协同方面，围绕各工作流程的关键流程节点，可自动化、智能化向对应岗位与人员发送决策分析报告，也可以常态化、专题化为相关管理人员提供可视化分析决策统计报告，更可以面向水电厂站针对各机组提供定期或动态的设备状态检修策略报告。

（3）决策支持持续保障

检修智慧决策与执行管控体系的构建不是一蹴而就的，需要持续开展"多位一体"相关数据信息采集汇聚与指标模型优化提升等工作。

针对设备运检智慧决策与执行管控需要，一方面，构建数据通用技术规则库，在有效字段方面形成数据治理通用技术规则，主要包括数据的唯一性、完整性、一致性、时效性等内容；另一方面，构建"多位一体"业务数据质量规则库，核查数据有效性、准确性、数据剖析（最大值、最小值、平均值、汇总值等有效性核查）精准度等；最后，结合通用技术规则库、业务数据质量规则库，构建自动化、智慧化数据核查工具，定期提供数据治理报告。在检修之后，结合计算机系统与专家经验，对检修流程进行评分，持续改进决策体系。

6.3 应用案例

6.3.1 成功识别瀑布沟水电站 5 号机组高压厂用变压器放电现象

（1）瀑布沟水电站智能巡检系统概况

设备巡检是水电站运行管理的一项重要工作。传统方式下水电站采取人工巡检方式，即：巡检人员对需要管理监测的设备、位置进行周期性检查，并要求巡检人员到指定位置查看设备是否正常、是否有异味异响、环境是否安全等，巡检人员根据经验判断，对发现的缺陷及进行时处理或报送至相关技术人员。这种传统的巡检方式会受到外部环境的干扰，且水电站的高压、超高压环境对巡检人员构成较大的人身安全威胁。同时，巡检效果会受工作人员的业务能力、工作经验、精神状态等各方面因素的影响，误检、漏检的情况时有发生，以至造成重大经济损失，影响整个水电站的安全稳定。同时，人工巡检存在劳动强度大、巡检质量差、管理成本高、应急处置慢等缺点。因此，人工巡检的作业方式已不能很好地保证发电系统的安全稳定运行。

针对这一情况，瀑布沟水电站综合应用日益成熟的图像识别、人工智能等技术，开展水电站智能巡检系统的研究开发。该系统创新地引进智能巡检机器人、固定摄像头、声音采集器等感知设备，采用"移动＋固定"的部署模式，实现水电站视频、音频、红外、传感等全维巡检数据的智能采集，以模仿电力人员日常设备巡检工作中的"望""闻""问""切"，通过采集图像数据、红外热成像数据、声音数据、温度数据等水电站多维度信息，利用计算机视觉技术、机器自学习技术，研发了大流量数据和任务的 AI 智能调度引擎，形成了水电站复杂环境下的音视频智能识别及巡检任务智能分配机理模型，使之"智能"，从而逐步代替人工巡检工作。

智能巡检机器人是对设备和现场环境实施安全监管的主要设备，

智能巡检系统是实现电厂无人巡视、自动预警的综合管控系统，进一步减轻了运行人员的劳动强度。机器人前端采集仪器具有"耳朵、眼睛、鼻子、触感"等仿生感知功能，实现其可到达区域所涉及设备的视频、音频、环境等要素感知，并通过人工智能技术识别异常。针对水电站内机器人无法走到的特殊受限空间的实际情况，综合应用电站工业电视系统、声音传感器、红外热成像设备等感知"电子眼"，实现水轮发电机风罩、风洞、下机架、水轮机水车室等受限空间的温度、异音、积水、漏油、振动等智能感知。

（2）案例基本情况

2020 年 1 月 4 日 8:55，上位机报"5B 主变 1 号保护低压侧零序电压报警""5B 主变 1 号保护装置报警"、全站 AVC 功能退出，故障录波装置显示 5 号高压厂用变 C 相电压为 0，现场 5B 保护装置主变低压侧 C 相电压采样为零。同时，智能巡检系统工业电视前端摄像头发现瀑布沟水电站 5 号高厂变 5CB 内部有明显放电现象，并分级向相关运维人员和技术管理人员推送告警信息。9:05，设备管理中心人员到达现场指导应急处置工作。9:08，接集控中心控制指令：5B 停运。通过全面检查变压器本体，发现 5CB 高压侧 C 相至 IPB 连接电缆发热出现严重的烧蚀现象，其中 1 根连接电缆外部绝缘已熔化，该 20kV 连接电缆铜导线裸露，靠近连接电缆的环氧板出现碳化情况，如图 6.7 所示。21:24，大渡河流域检修公司完成 5CB C 相烧损的电缆及环氧板更换，对三相连接电缆均加套绝缘热缩套管以加强绝缘，恢复高、低压侧接引，具备送电条件。

（3）应用成效

水电站智能巡检系统采用"智能巡检机器人＋固定摄像头"的模式，逐步替代传统水电站的人工巡检模式。系统通过采集自身及周围的信息，弥补了水电站设备自采数据的不足，其构建的以深度学习为核心的智能识别框架，实现了"三漏"、状态指示、声音等 10 类特征量的智能识别，提升了设备健康状态智能感知水平，实现了对现场设备

图 6.7 变压器放电故障图

缺陷和异常情况的实时感知与预警，提高了缺陷发现的及时性，避免了因发现处理不及时造成的事故扩大、设备受损等情况，避免了非计划事故停机，同时带来了巨大的经济效益。

6.3.2 提前 4 个月发现龚嘴水电站固定导叶异常征兆

（1）智慧检修系统概况

大渡河公司构建了基于自主研发的"超球模型"智慧检修系统，主要包含健康度评价、大数据趋势预警等功能。"超球模型"算法是机器学习算法，利用水电站主设备所有相关测点结合不同历史运行工况数据建立不同的模型，自动对工业对象的实时状态进行在线评估，将水轮发电机组实时状态综合成一个 0～100% 评价值，称为"健康度 HPI"；系统对历史数据进行分析，构建超球模型，得到一个健康度基准值"Hth"，是水轮发电机组运行状态健康与否的评价标准。运行过程中，当设备的健康度 HPI 偏离历史安全运行工况时，系统在设备各参数报警之前发布潜在故障早期预警，同时自动给出引起机组状态变化的关联测点排序，并对早期潜在故障进行自动关联分析。

智慧检修系统于 2014 年起逐步在大渡河流域各电站进行了部署，预警了多次故障，取得了良好的效果。

（2）案例基本情况

龚嘴水电站位于四川省乐山市沙湾区与峨边县交界处的大渡河中下游，1972 年 2 月第一台机组发电，1978 年建成投产。设计水头 48m，装有 7 台单机容量为 11 万 kW 的混流式水轮发电机组，总装机容量 77 万 kW。

随着大渡河龚嘴水库泥沙淤积的严重，过机含沙量增大，水轮机过流部件磨蚀现象越来越严重，多次出现水轮机顶盖、止漏环、转轮叶片穿透性裂纹、引水盖板开裂等问题，造成了巨大的经济损失，严重威胁机组安全经济稳定运行。

2016 年 6 月 4 日，大渡河龚嘴水电站 7 号机组运行中健康度曲线骤然下降，发现异常征兆。正值汛期大发电的关键时期，按照传统管理方法，出现不明损坏程度则需要立即停机检修，智慧检修系统的应用增强了大渡河流域公司的设备风险预控能力。在综合考虑设备健康和发电效益的情况下，判断不必立即停机检修，并通过设备管控中心的设备健康度评价，确定设备风险管控措施：机组健康度到达 80％～90％区间，现场继续执行保护运行策略，避开异常噪声发生的负荷区间（9.3 万～11 万 kW）；设备健康度下降到 80％以下时，立即停机处理。进入 11 月后，该机组健康度与预测吻合，健康度快速下降，低至 80％以下，如图 6.8 所示。大渡河流域集控中心果断停机检查，发现固

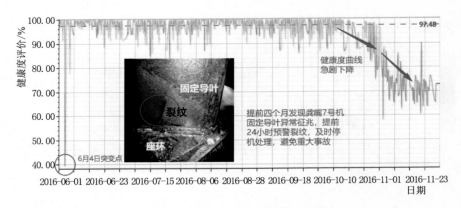

图 6.8　健康度评价及趋势预警

定导叶存在多条裂纹，转子磁极的磁极键有断裂现象，并合理安排了检修。

（3）应用成效

此次智慧检修系统的预警及处理，确保设备不出现非计划停机，并有效保障了设备安全和人身安全，带来直接经济效益 200 多万元，间接经济效益 1700 多万元。

6.3.3 成功为大岗山水电站定子故障提出检修策略

（1）应用背景

随着大渡河公司投产已达到 49 台，装机约 1200 万 kW，综合考虑近年来流域各电厂发电机组中陆续发生的几起与定子绝缘故障相关的案例，开展定子局放智能监测和预警研究已迫在眉睫。在详细调研水电行业局放相关技术应用情况、多方论证局放技术的可行性后，大渡河公司大岗山水电站机组上开展发电机组定子局放在线监测技术试点，构建定子局放智能监测预警系统，帮助电厂对机组定子绝缘状况进行客观判断，并为设备检修提供有效依据。

水轮机组定子局放智能监测预警系统由单台机组的局放监测装置及统一的局放监测工作站组成。在定子安装耦合传感器（图 6.9）监测局放信号，通过局放监测主机进行数据通信，在局放监测工作站对局放数据进行专业分析并显示相关结果。

水轮发电机组定子局放智能监测预警模块，从最关键但又最难解决的绝缘问题入手，在发电机实际

图 6.9 耦合传感器安装图

工作条件下，通过可靠技术手段实现对定子局放的实时监测，智能分析与准确预判，并提出针对性维修建议，极大地提高了设备故障诊断及决策支持的智慧化水平，提高了大渡河流域设备管理水平。定子局放智能监测预警界面如图 6.10 所示。

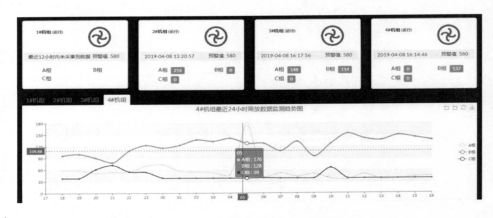

图 6.10　定子局放智能监测预警

（2）案例基本情况

在大岗山机组运行期间，充分利用机组局放监测系统对 1 号机组局放情况进行观察、跟踪，并对局放数据进行定期分析。据《大岗山♯1机组在线局放测试报告》显示，大岗山 1 号机组自投运以来局放量一直处于较高的水平，已远远超过同类型机组局放量的 95%（768mV）水平线，最高接近 4500mV。分析表明，机组存在相间放电现象，局放值较高，且稳定，无增长趋势。由此生成检修策略：密切关注局放发展趋势，在检修期进行必要的检查和处理，重点关注相间放电痕迹，辅以施加到额定线电压水平的离线局放试验。

在检修期，依照检修策略对机组定子、转子进行了整体清扫及喷漆作业，同时对定子线棒端部跨接线绝缘情况进行全面检查，发现共七处存在绝缘松动、软化及分层的现象，对故障部位绝缘材料进行了剔除并重新包扎处理。处理后复测，局放量恢复正常。

（3）应用成效

定子局放智能监测预警，可以在最大程度上预防定子局放恶化导致的发电机故障，减少查找及处理故障所需的人力物力。从大岗山1号机的成功案例来看，保守估算机组的单次检修时间节约了10天，带来经济效益3900万元。

第 7 章

水工建筑物运行智慧化

大坝及泄洪设施等水工建筑物是国民经济的重要基础设施，在防洪、发电、灌溉和航运等方面发挥着巨大的作用。然而，在其运行过程中不仅随时要承受各种动、静荷载循环作用，还要承受来自恶劣环境的侵蚀与腐蚀，同时还要应对各种突发性灾害，其整体安全性随着时间推移而逐步衰退。为此，大渡河流域提出了通过实时感知水工建筑物的运行状态，构建智能安全预测预警模型的方法，以实现对水工建筑物实时的运行监控和风险的预判预警。

7.1 总体思路

大渡河流域水工建筑物运行管理立足于系统规划，强化物联网建设、深化大数据挖掘，推进智能化应用和智慧化管理，将过去单一依靠人工经验分析监控的安全管控模式转变为基于数据驱动的智能化管理。重点围绕全方位信息感知、全面互联互通、深度数据挖掘和智慧化决策支持展开。

（1）全方位信息感知

在传统监测手段的基础上，结合多波速探测、三维激光扫描、卫星遥感等先进技术，构建高覆盖、全方位、全对象、全指标的自动实时监测体系，提升设备状态的感知能力，为水工建筑物运行智慧化提供全面的基础信息。

（2）全面互联互通

通过光纤、微波等传统通信技术的支撑，以及物联网、移动互联网、卫星通信、WiFi 等现代技术的应用，全面构建局域网、广域网、卫星网、移动网组成的四大数据传输通道，构建"大传输"网络，以支撑大量数据、图像、视频等信息的传输。

（3）深度数据挖掘

基于大数据平台，对各专业的数据进行融合、共享，形成与水工建筑物安全相关的大数据，建立数据标准，进行数据治理，并打造强大算法模型库进行数据深度分析和挖掘，实现水工建筑物安全的预测、预警。

（4）智慧化决策支持

基于多要素的历史情景相近模式匹配，快速生成"即时状态监测→场景模拟仿真→处置措施响应"的联动方案，并建立水工建筑物专家知识库，建立逻辑推理算法，构建水工建筑物多目标管控综合评估推荐方案，为大渡河水工建筑物安全智慧管控提供决策支持。

以大坝运行管理为例，大渡河流域通过研究流域梯级群坝特殊工况下的致灾和致障风险因子，分析水工建筑物故障或灾变的机理以及风险因素之间的耦联机制，构建了流域梯级大坝安全风险管控运行体系，即：以数据可靠性分析、多源信息融合交互、风险自主预判、预警响应调控为典型特征的流域梯级大坝群安全风险智能管控平台。该平台实现了大坝监测、水情工情、环境、边界信息等多源数据的全面智能采集、识别、交互、融合与分析，具备监测数据异常智能识别、风险实时预判与年度综合评估、工程措施与管理协同的多元调控等核心技术，具备大坝安全风险实时评判、运行性态综合评价、安全风险预警与响应决策等功能，实现以自动预判、自主决策、自我演进为典

型特征的大坝安全风险智能管控。大坝安全智慧化管控总体思路如图
7.1 所示。

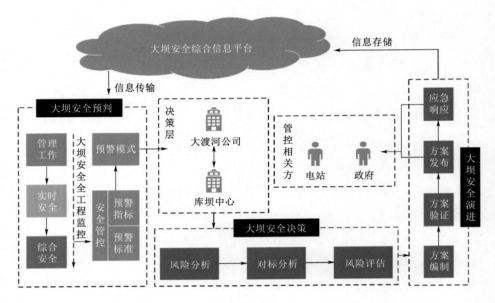

图 7.1　大坝安全智慧化管控总体思路

7.2　关键技术

7.2.1　高精度外部变形一体化智能监测成套技术

随着当今计算机技术的迅速发展及观测技术的不断更新，自动化
监测替代人工监测，已成为工程安全监测发展的趋势。现代计算机技
术、网络技术、软件工程技术、工程安全监测和反馈监控技术等已成
功运用在工程安全监测的各个领域。在众多的安全监测项目中，外部
变形是评价水工建筑物安全的一项重要指标，能直观的反映水工建筑
物的安全状况。因此，外部变形如何自动化的问题和需求越来越凸显
和急迫。传统人工监测却有几个方面的弊端：一是坝区外部变形监测
点较多，导致人工观测工作量大，观测周期长，安全风险大，无法及

114

时掌握管理对象的工作性态，无法满足工程安全运行的要求；二是人工观测采集的观测数据还需要手工输入计算机中，手工整理计算，工作强度较大，在整理计算过程中如果发现原始观测数据或计算结果有问题，只能回到现场重新观测，工作效率较低；三是在枢纽水位消落和抬升、高水位运行，以及洪水、地震等极端工况时，要求对枢纽进行加密观测，现场观测工作将更为紧张，劳动强度更大，人员需求数量更多。由于人工观测的数据入库比较缓慢，观测数据得不到及时处理，各层级将无法及时了解水工建筑物的工作性态，严重影响流域防汛决策与指挥。

鉴于此，经过多年研究，大渡河流域开发了一套精度高、功能齐全、稳定可靠、使用方便的外观监测自动化系统。该系统主要由以下技术构成：

（1）基线自校准与气象融合改正技术

变形监测系统必须考虑气象条件、地球弯曲差、大气垂直折光差和长期监测时仪器的水平稳定等对距离测量、角度测量的影响。对于上述因素，传统的方法是采用气象经验公式进行修正，但该方法受气象代表性误差等非线性因素的影响，使得平差后成果精度有限。鉴于此，大渡河流域提出了基线自校准与气象融合改正法。该方法的主要思想是在自动变形监测系统运行的监测现场，在布设监测基准网点时，选取建造一些稳定的、可以覆盖监测区域并与工作基点性质相同的校准基点，这些可以覆盖整个监测区域稳定的校准基点与进行变形监测的工作基点之间所形成的边角关系，为日后进行自动变形监测改正或消除上述诸多误差提供了已知条件。实际测量时，在工作基点上对变形点进行观测的时候，也同时按方向、按顺序、按高程分组对上述用于改正的已知校准基点进行观测。此时，校准基点的观测值和原有的已知值之间就会存在不符值，这些不符值就是上述诸多因素在某时的综合影响造成的。因为用测量机器人进行自动观测所需时间很短，所以可以近似的认为变形监测点和检校基点是在相对的同一时刻获得的观测值，这些对校准基点产生的综合影响也会用同样的方式、但不同的量值对其他变形监测点产生相似的影响，因而可以把已知边、已知点所求得的改正数，或用边长，或用方向值，或用时间差为引数，按数学模型分配到未知的变形监测点上，以大大消除上述诸多因素带来的测量误差。

鉴于测量机器人变形监测自动化系统采用的是单向观测，在采用上述基线自校准改正之前，首先对观测结果进行气象改正，即通过测量作业现场的温度 T 和气压 P 以及湿度 H，按照一定的气象改正公式，对于气象改正的残差再进行基线自校准改正。

利用测量机器人测站到校准基点（覆盖监测区域和三维坐标已知）的实际观测数据（水平角、竖直角、斜距），计算实际观测数据和测站到校准基点的坐标反算数据差值，得到测站到校准基点观测方向的气象修正值（温度、气压相关）和折光系数（空气竖向密度相关），则可以重构测站到监测区域的温度梯度场和空气竖向密度场模型，进而根据监测点的概略坐标，采用内插算法可以计算出测站到监测点的气象修正值和折光系数，最后完成测站到监测点原始观测数据（水平角、竖直角、斜距）的修正。

基线自校准算法能够完成监测点原始观测数据修正（水平角、竖直角、斜距），特别是对折光系数反算和修正，解决采用单边三角高程进行垂向变形监测时因受气象变化大的问题，该算法可以在改正模型的条件下提高单边三角高程监测精度。

（2）工程变形监测一体化智能测站平台

外部变形自动化监测系统，测站是关系监测数据精度及可靠性的关键。外部变形自动化监测系统一般采用极坐标差分或前方交汇等方法进行水工建筑物的变形监测。但无论采用何种方法，测站均是保证测量数据准确可靠的基础。一方面测站三维坐标是解算被监控对象位移量的基础，必须确保测站本身的长期稳定性；另一方面由于测站一般位于野外，安装有测量机器人等精密仪器，各种设备需在野外长期运行。因此，如何确保精密仪器设备的安全，做好防盗、防雷、防打砸等问题是保证测量数据准确、可靠的关键，也是进行外部变形自动化测站设计需考虑的关键问题。

基于工程安全管控的重要性，结合信息化、智能化和物联网等信息技术，为对传统测站进行针对性的改进，大渡河流域研发了大视场角及多类型高精度测量仪器集成控制的工程变形监测一体化智能测站，实现了多类型精密观测仪器设备的同轴装配和集成化管理，扩大了单个测站的可观测测点区域视场角范围，可对外界环境条件的智能感知和精密仪器存储环境自动控制，智能选择最佳测量时机自动（远程定时或实时）启闭测站观测窗口，配合自动识别功能的测量机器人完成既定的工程变形监测任务，取代了人工观测的操作方式，提高了工程变形监测的测量精度，加快了信息反馈的及时性，解决了精密仪器长期置于野外难以防护的问题，降低了企业资源投入和作业人员野外安全风险，为工程变形监测提供了智能化的解决方案和创新思路，平台架构如图7.2所示。

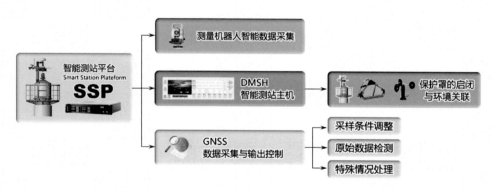

图 7.2　工程变形监测一体化智能测站平台架构图

该一体化智能测站平台实现仪器设备同轴装配及集成集中管理、一体化测站大视场角设计、一体化测站观测窗口远程自动启闭控制及野外防护、测站状态监控及温湿度智能调控、一体化智能测站外界观测环境智能感知及研判五个方面的功能。

实现上述五个方面的功能的关键是"测量机器人监测站一体化控制系统"，该系统实现测量机器人观测任务与一体化智能测站启闭联动，将它嵌入工程变形在线监测软件系统中，实现了一体化测站观测窗口远程定时实时启闭、测站状态监控及测站温湿度智能调控；将一体化智能测站系统各个控制部件集成，连接到变形监测智能测站主机上，通过本地或远程的计算机来实施手动或自动控制。

（3）高精度外部变形智能监控系统

基于基线自校准与气象融合改正法测量原理，大渡河流域开发了大坝变形智能监控系统，将从大坝变形监测的监测任务制定、监测点数据采集到监测任务结果分析一体化自动实施，做到数据实时报播、数据及时分析、报表自动生成、设备自动控制、异常自动报警等，同时对不同条件情况的大坝、多个大坝利用互联网形成集团式管理。

本系统主要包括：大坝变形监测智能测站、智能测站控制系统（前面已介绍）、大坝变形监测数据采集系统、大坝变形监测数据中心平台、大坝变形监测分析系统。同时，为达到地表三维变形的自动化监测对精度与时效性的要求、规避传统监测手段的缺陷，综合考虑技术经济指标，大渡河流域进一步提出采用以测量机器人监测为主，GNSS卫星定位测量法为辅的地表三维位移高精度自动监测方案。使用高精度测量机器人基于互联网平台集计算机技术、自动测量技术、空间技术、传感器技术、通信技术为一体的大坝变形智能监控系统，将水电站水工建筑物外部变形自动化监测数据采集、成果实时输出、异常值报警等集成一体，形成一套较为完善的监测系统，同时预留接口与信息管理分析软件有效结合，实现自动化监测的快速预警和应急处置决策。

大坝变形智能监控系统数据采集子系统是一套按照既定观测计划或自主选择最佳测量时机，自动完成观测点数据采集、数据存储、数据传输的综合管理系统。其有序的运行是为大坝变形监测安全性分析提供基础有效数据的前提，包含系统设置、观测点管理、监测计划、数据导入、数据导出、进入监测、初始化等 7 个主要功能模块。

　　中心数据平台是整个大坝变形自动监测系统的核心，是集系统设置、监测任务制定、监测任务下发、监测数据接收与查阅、监测数据存储、监测数据导入、数据备份等功能于一体的重要平台。中心数据平台是采集平台和后处理平台运行的基础，是监测数据分析的第一手资料，是所有原始数据的存储、查阅、管理平台。中心平台通过网络连接到各个采集平台，便于接收来自各个采集平台的监测采集数据，网络拓扑图如图 7.3 所示。中心数据平台的基本功能包括：数据接收查阅、字典定义管理、采集模式与计划、监测任务下发、导入采集数据、系统权限管理、初始化系统、数据异地备份。

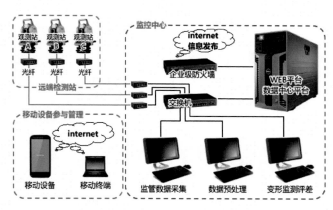

图 7.3　中心数据平台拓扑图及系统界面

　　基线自校准与气象融合改正法，极大的削减气象等外界不确定性因素对精密测量精度的影响。TPS\GNSS融合测量方案实现了恶劣天气和特殊工况下实时监测信息的不间断采集。自主设计研发一体化测站，优良的测站结构实现了可观测测点区域视场角范围大幅度提升；以集成化产品设计理念在一体化测站中集成了气象传感器、机柜空调、伺服电动缸、测量机器人、后视棱镜、GNSS天线、视频监控系统以及各种光电转换设备，实现了多类型仪器设备的集成化管理，为自动化监测系统的设备建设提供了新的思路。测点装置监测点棱镜和GNSS天线同心布设，仪高设为定长，减少了测量误差，测点棱镜、GNSS天线采用相同尺寸的保护罩与狭窄的棱镜观测窗口设计，采用内部螺栓固定方式和专用工具开启关闭，有效地解决了坝区野外测量仪器安全防护与防盗难题，为保障监测数据质量奠定了坚实基础。开发运用与测量机器人自动化观测同步的"测量机器人监测站一体化控制系统"，解决了测量机器人测站全天候实时启动问题，实现了观测窗口的定时及手动临时启闭，观测窗口随测量任务启闭，以保护测量机器人免受损坏。在测站内设置了机柜空调、气象仪及视频监控系统，与伺服电动缸控制系统结合，研究开发了"测量机器人监测站一体化控制系统"，实现了伺服电动缸控制、视频监控系统、测站内温湿度监控及机柜空调智能自动启闭及温湿度智能调节；提出了可智能选择测量时段、遇大风及强降雨智能放弃测量任务以达到保护测站内精密仪器及提高测量数据整体质量的一体化测站。一体化智能测站保护罩打开的观测时段除考虑降雨、风速等条件外，还考虑了温度梯度的变化，使测量机器人自动选择在无风、无降雨、同时温度气压稳定的时段进行观测，从而最大程度的减弱了气象条件对观测精度的影响，保障了监测数据的准确可靠。

　　综上，大渡河流域实现了集环境识别、自动启闭等为一体的"一体化智能监测"，减轻甚至避免了降雨、风速、能见度、温度梯度对测量精度的影响，在保证数据的实时和连续的同时，能够智能识别最佳观测时段以获得高置信度的测量数据。

7.2.2 多手段结合的水上水下三维数字化缺陷探测技术

水工建筑物是大坝安全管控的重要组成部分，其结构功能设计是大坝长期安全稳定运行的关键。大坝建成蓄水后，水下建筑物常年处于水下，在复杂水流环境作用下，会出现不同程度的淤积、材质劣化、功能降低等现象，且缺陷具有发现难、处理难、突发性强、引起的后果严重等特点。常规的大坝安全监测手段是通过点形成面来逐级反应水工建筑物运行情况，只能针对重点部位实现状态监控，缺少全覆盖的动态、定量监控和分析。为了解决上述问题，大渡河流域主要开展了以下研究和应用。开发了以下技术：一是多波束深水海洋水下探测技术；二是水下潜航器搭载摄像、二维和三维声呐近距离摄像和扫描技术；三是三维激光（站载、船载及机载）全覆盖扫描和高机动性技术；四是浅地层剖面仪地质缺陷探测技术。通过多种技术手段的取长补短和联合运用，解决了水电站水工建筑物三维数字化技术难题。

针对传统水工建筑物（如坝前、泄洪及尾水建筑物等）检测存在的难题，采用多波束探测技术、水下无人潜航器检查技术对水工建筑物进行无损检测，克服了传统人工水下检测难题。同时，通过多波束探测技术实现了水下水工建筑物缺陷准确定位、定量及三维点云数据可视化，并结合水下无人潜航器采集缺陷影像图片，与多波束检测成果相互佐证。

针对传统水电站枢纽区依靠人工检查存在的受技术人员素质影响大、巡查精度低以及效率低的问题，大渡河流域采用三维激光（站载、船载及机载）扫描技术对大坝（含廊道）、泄洪孔洞等进行数字化巡检，实现了大坝（含廊道）、泄洪孔洞的数字化巡检及定量对比分析。

联合运用多波束探测技术和三维激光扫描技术，结合 RTK GPS 高精度定位技术，开展了水电站坝前河道及两岸全覆盖扫描探查，准确获取了水电站枢纽水上水下三维数字化成果，全面掌握了坝前泥沙淤积状态及分布规律，了解了水工建筑物运行情况，为后期的量化分析提供了准确数据支撑。

除了以上技术研究应用，大渡河流域还结合水电站的设计图纸、以往检测成果等相关资料，综合水电站大坝结构三维数据可视化技术，进行三维数字化成果的集成分析与应用研究，为水电站水工建筑物安全管理等多方面的工作部署提供可靠数据支撑。

同时集多波束探测技术、水下无人潜航器检测技术与三维激光扫描技术等多项技术于一体，形成了水上水下一体化的监测、检测新技术手段，建立了水工建筑物高精度、全覆盖水下三维数字化成果库，实现了水工建筑物水下缺陷精准定位与定量分析，解决了深水、浑水及动水环境下水工建筑物水下检测技术难题，突破了传统人工下潜、机器人下潜等水下检测的技术瓶颈。融合三维设计建模技术，实现了对大中型水电工程大坝、廊道、泄洪孔洞的数字化巡检与动态监控，定量分析工程运行性态，节约了大量人力资源成本。融合了大坝水上水下全覆盖高精度扫描点云坐标数据和大坝三维模型数据，可实时动态展示并提取大坝异常区域（位置、尺寸及方量）及水上水下地形信息，准确指导水工建筑物水下缺陷修补，并对流域大坝安全风险智能管控平台开放接口，为大坝安全监测数据深度挖掘应用奠定了技术支撑。

7.2.3　流域梯级大坝群安全风险实时预判技术

大渡河大坝群安全风险实时智能预判体系的构建，首先来自参与评判数据的高度可靠性，然后在保证数据可靠性的基础上，进行大坝运行安全实时智能评价。

（1）安全监测数据异常在线识别

在早期，监测资料分析人员对监测数据可靠性的评估主要依赖于绘制效应量与时间的曲线，看是否存在明显的离群点，如果存在，则结合工程经验及巡检情况分析该测值是否异常。过程线法依据的是监测资料分析人员的工程经验，没有明确的判定标准，主观性较强，且难以实现自动化。随着大坝安全管理由粗放型管理向技术型、风险型管理转变，大渡河流域各电站逐步启动建设基于现代信息技术、计算机技术和坝工理论的大坝安全在线监控系统，监测数据量急剧增多，实时合理评估新源数据可靠性是在线监控系统正常运行的前提和重要保障。

针对应用 3σ 准则、数学模型法、未确知数法存在的不足，大渡河流域首次提出集数据异常精准识别、时空关联识别、环境诱变识别于一体的安全监测数据异常在线识别成套技术。首先采用了新的 $3S_T+D$ 评判准则实时在线识别测值异常突变，然后触发启动水位、降雨、区域地震、近区扰动等环境相关分析，过滤、消解因环境量变化诱发的突变，进阶的异常测点触发启动高精度多维空间模型模拟，从线、面、体等不同维度分析同类测点的时空分布特性和规律。同时，适时启动远程复测，经反馈校验后消解因系统测值异常诱发的突变，最终精准识别结构安全性态变化引发的测值异常，并自动触发预警。通过这一项技术，可以将传统数据异常识别的漏判率和误判率降低96%以上。

安全监测数据异常在线识别成套技术示意图如图7.4所示。

（2）安全风险实时智能预判

传统的水工建筑物结构安全实测性态的判断主要借助工程经验和对单个测点、单个项目建立数学模型来进行。该方法在反映大坝整体安全结构性态上存在一定的局限性。为对大坝运行安全及结构性态作出全面合理地评价，需要综合考虑大坝各个部位的监测点和效应量，采用成熟、恰当的分析方法进行综合评判。大渡河流域逐步启动大坝安全风险在线实时监控，实现实时掌控大坝安全风险的智能管理，提升大坝安全管理科学决策水平和安全保障能力。

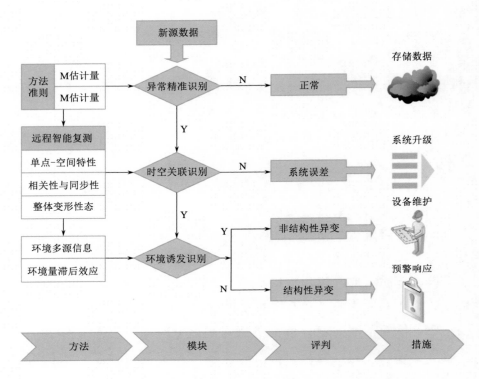

图 7.4　安全监测数据异常在线识别成套技术示意图

　　大渡河流域构建了基于导则的大坝运行安全风险在线智能快速综合评价模型，实现了大坝运行安全风险等级的在线快速评定。对于已实现了大坝运行安全关键指标实时评价的工程，该评价模型可基于实测资料或实时评价结果快速地综合评定给出大坝运行安全风险的综合评定等级。同时，构建了大坝运行安全模糊熵权年度综合评价模型，并针对定检资料丰富和定检资料缺乏的大坝，分别提出了模糊聚类综合评价方法和基于可拓学的综合评价方法，可有效避免指标一票定性和指标冲突不相容等问题，能更客观地反映出大坝年度运行安全特性，为大坝安全管理提供更明确、可信度更高的决策支持。综合评价体系构架如图 7.5 所示。

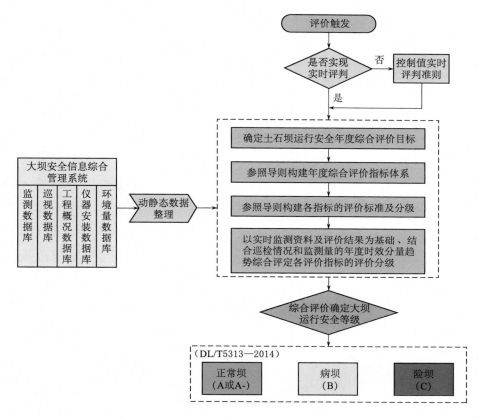

图 7.5 大坝运行在线安全风险综合评价体系构架

7.3 应用案例

7.3.1 成功应对四川某水电站特大山洪泥石流灾害险情

(1) 基本情况

2019 年 8 月 20 日，四川省阿坝州汶川县境内发生特大山洪泥石流灾害，造成汶川县境内多座水电站不同程度受灾，其中四川某水电站泄洪流道被泥石流淤堵，大坝工作电源被摧毁，发生了坝顶过流险情。险情发生后，大坝上游 119 名群众一度被困，同时坝体面临失稳溃决风险，严重威胁下游约 5000 人生命安全。

（2）应急处置情况

在险情应急处置期间，大渡河流域公司派出大坝安全监测专业技术人员，分成无人机航测、无人船测量和拦河坝安全监测三个工作小组，赶赴险情现场支援抢险救援工作。

1）无人机航测查明观察盲区的受灾现状。2019 年 8 月 21 日，无人机航测小组利用无人机航测技术深入受灾水电站现场，针对道路交通中断人员无法到达现场且仅能在百米开外远看大坝的现场条件，制定了利用无人机详细巡查方案，第一时间完成了灾后首次全方位、多角度的现场影像资料采集，此后连续多日开展了十余次无人机航拍，收集受灾现场近 20G 高清影像资料，为应急指挥部制定早期应急抢险方案提供了有力支撑，解决了险情时"看不到"现场实际情况的难题。无人机航拍现场险情整体、重点部位情况如图 7.6 所示。

图 7.6　无人机航拍现场险情整体、重点部位情况

2）无人船测量降低下游的安全风险。2019 年 8 月 30 日 14：00—16：00，无人船测量工作小组在大坝柴油发电机房顶选择 GPS 信号良好的区域架设基准站，采用无人船搭载单波束测深仪对电站坝前水流较稳定区域进行了水下地形测量（图 7.7），获得水下约 3000 个测点的三维坐标信息，以此获取水库库容量及泥沙淤积量成果。通过无人船搭载测深仪技术的应用，准确获取坝前泥沙淤积高程数据，同时可针对

不同水位高程计算出水库库容量数据，掌握了坝前区域的泥沙淤积规律，提供了库水下泄不会对下游造成次生灾害的技术依据。

图 7.7 无人船搭载测深仪开展坝前水下测量

3）拦河坝安全监测证实大坝处于稳定状态。为准确监测拦河闸坝安全稳定情况，保障现场抢险作业人员的人身安全，2019 年 8 月 30 日至 9 月 3 日拦河坝安全监测小组针对现场实际，研究制定应急监测方案，在坝顶布置了 13 个变形监测点和 3 个微芯桩监测点（图 7.8），利用高精度智能测量机器人实施坝顶变形监测 59 次，利用微芯桩连续实施坝顶振动和倾斜监测，并对监测指标设置预警阈值。通过准确的安全监测成果分析，大坝各项监测指标变化较小，认为大坝是安全稳定的，不会发生溃坝险情，为下游群众提前恢复生产、生活提供了有力支撑。

（3）取得的主要成效

利用先进的无人机、无人船、测量机器人等感知设备，在洪水阻断交通道路的情况下查明了某水电站险情现状，持续跟踪洪水漫坝期间的大坝安全稳定运行状况，分析了溃坝洪水演进及对下游的危害程度，向灾害抢险救灾指挥部提供了可靠的监测数据，为掌控大坝安全运行状况、保障抢险队人身和设备安全提供了有力支撑，同时为大坝下游撤离人民群众回归家园、恢复生产和生活提供了技术支持，有效缓解了全体应急抢险人员的险情处置压力，为成功处置险情作出了贡献。

图 7.8　拦河坝安全监测设施布置示意图

7.3.2　精准识别铜街子水电站消力塘水下结构缺陷

（1）基本情况

铜街子水电站位于大渡河下游四川省乐山市沙湾区境内，1993 年 10 月投产发电以来已运行多年。为保证水工挡水消能建筑物良好运行，自投产以来按计划周期性对大坝及下游消能防冲设施进行水下检测。前期一直运用单波束打点探测结合人工下潜的方式进行，探测范围小精度低。

为解决这一问题，创新联合运用多波束探测技术及浅地层剖面技术，实现对水电站近坝区水下淤积、水工建筑物缺陷情况综合分析，全面掌握水工建筑物性态、坝前淤积情况，为后续水工建筑物运行提供技术指导。

（2）应用成效

2017 年，多波束探测技术及浅地层剖面技术运用在铜街子大坝下游消力塘，发现消力塘前池底板存在一定规模的局部混凝土冲蚀带，顺水流向近似呈椭圆形，长轴长度约为 70m，短轴长度约为 35m，周缘淘蚀较为严重，伴随有骨料出露、钢筋裸露的现象，对前池部分底板结构整体性有一定影响，若进一步发展将会危及泄洪安全。

针对上述情况，2018 年大渡河流域对水下检测成果进行了进一步研究，基于翔实清晰的水下检测成果，制定合理的水下修补方案，对消力池缺陷进行修补，确保泄洪消能建筑物安全稳定运行。

消力塘作为铜街子水电站泄洪消能的关键建筑物，这一较大规模缺陷的发现和及时处理避免了消力塘底板缺陷的进一步扩大，保障了铜街子水电站的泄洪能力和调节能力，保障了下游居民生命财产安全。

铜街子水电站消力塘水下检测成果与水下摄影成果如图 7.9 所示。

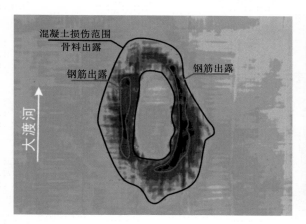

图 7.9　铜街子水电站消力塘水下检测成果与水下摄影成果

第 8 章

流域生态环境保护智慧化

大渡河作为长江上游岷江的最大支流，承载了众多的自然风景和名胜古迹。随着《长江经济带发展规划纲要》及《中华人民共和国长江保护法》的发布实施，大渡河流域积极参与长江经济带生态修复和环境保护建设，运用先进科技手段不断推动流域生态环境保护向智慧化方向发展。

8.1 思路与目标

随着干流水电逐步开发，大渡河流域越来越重视水电开发对流域生态环境的影响及相关环保措施对生态环境的恢复效果，但受限于过去生态环境监测方法和监测设备技术水平，生态环境监测感知网络尚未形成体系，生态环境数据未实现互联互通。尽管一些在线监测系统为我们的环保管理提供了帮助，但生态环境风险识别、应急决策等工作几乎依赖人工经验，缺乏对水电开发环境保护智能数据分析与风险预警，对环境保护全方位、全过程的风险识别和管控没有达到智慧化水平。为此，大渡河流域结合生态保护需求和敏感对象保护现状，开展了生态环境感知网络整体规划建设，消除了数据壁垒，研发智能感知、动态评估、实时预警、辅助决策的生态环境保护平台，有序推进生态环境监测体系标准化、设备自动化、数据共享化、模型智能化、决策支持智慧化，以实现水电开发全过程环境风险的动态评估与决策支持。

流域生态环境保护智慧化的重点是建设生态环境感知网络、实现多源生态环境数据融合、建立生态环境风险预警体系、构建生态环境智慧管控模式。

（1）建设生态环境感知网络

应用 5G 等新一代移动互联技术及先进的仪器设备，实时采集各类生态环境监测数据，充分感知流域生态环境情况，建设生态环境感知网络。对于当前难以实现智能感知的监测变量预留扩展接口，成熟一批升级改造一批。

（2）实现多源生态环境数据融合

根据水电开发生态环境保护数据的结构类型、空间分布、采样频率等特点，整合流域各梯级水电站环境监测数据、相关生态环保管理部门现有数据等，建立统一的多源生态环境数据库，并将流域实时生态环境监测数据传输并存储于大渡河大数据中心。

（3）建立生态环境风险预警体系

基于现有水电开发生态环保工作的需求，加强大数据挖掘与应用，建立风险预警体系，实现各类生态环境风险的现状评价、趋势分析、分级预警。

（4）构建生态环境智慧管控模式

将生态环境保护管理经验转化为知识，形成生态环境保护管理知识库。在水电开发生态环境风险管控和决策管理中，结合对实时监控数据的分析挖掘，通过知识库的分析判断，为大渡河生态环境保护智慧管控与决策会商提供精准有效的支持。

8.2 关键技术

8.2.1 过鱼设施流场智能监测与目标鱼种图像识别技术

水电站筑坝成库后，通常情况下，由于大坝阻隔导致鱼类等水生生物在河道中无法自由上行或下行，对鱼类繁殖、索饵、越冬等重要生活、生存需求存在影响。过鱼设施是让鱼类通过闸、坝等障碍物的人工通道，是恢复河流连通性的主要措施，包括鱼道、鱼闸、升鱼机、仿自然旁通道、集运鱼船等。目前大渡河流域已建成枕头坝一级和沙坪二级 2 座电站鱼道。

（1）鱼道流场监测

坝下鱼道进口区域、坝上鱼道出口区域、鱼道各池室流场的监测数据是评价鱼道运行后水动力学指标与原设计指标符合性，以及改进鱼道运行效果的重要依据。对坝下鱼道进口和坝上鱼道出口区域流场监测，采用无人船搭载多普勒流速剖面仪（ADCP），以走航方式自动按照规划航线测量。鱼道各池室流场监测，采用三维点式多普勒声学流速仪 ADV 进行点阵式测量。此外，利用摄像设备记录鱼道各个池室流态，包括过大的、剧烈的漩涡、涌浪、水跃区和回水区等，探索通过图像识别方式定量分析鱼道流场。通过多种运行工况的鱼道流场观测，对比分析各工况鱼道进出口及内部池室的流速、流态差异，为改进鱼道运行方式提供科学依据。

（2）坝下河段鱼类时空分布监测

采用回声鱼类探测仪及断面定点式与走航式声呐探测方法研究坝下鱼类的时空分布。其中，断面定点声呐探测主要分析鱼群上下行的规律和鱼类个体大小；走航式声呐探测主要分析坝下鱼群时空分布，并获得鱼类主要分布水层信息。同时记录电站运行下泄流量、水位、电站水轮机工作状况等，构建不同工况条件下坝下鱼群分布云图。

（3）目标鱼种图像识别

鱼道过鱼计数采用红外光栅方式，并进行密封处理，自动进行过鱼数量、过鱼长度、游速测量、过鱼轮廓形体的数据采集。同时在鱼道观察室布设水下图像采集系统，包括水下摄像机、闪光灯及水温传感器，目前已实现过鱼视频触发式采集和水温测量，正积极探索基于人工智能算法的目标鱼种自动图像识别功能。

（4）鱼道内部及库区标志跟踪监测

采用 PIT 标志跟踪观察目标鱼类在池室中的行为，分析鱼类通过鱼道的游泳行为过程，找出影响目标鱼种通过鱼道的关键因子，提出适宜目标鱼类通过鱼道的工况和水力学条件。用射频跟踪技术和视频监测手段记录鱼类通过普通池室、休息池、转弯处、过坝段等情况，观察测试鱼在池室中的游动、往复及休息情况，重点观察隔板形式变化部位、实验中鱼类无法通过或耗时较长的区域、休息池、转弯处、过坝段等鱼类通过行为。

8.2.2 增殖站管理与放流效果远程遥测技术

梯级水电站建成蓄水，改变了原有流水生境，也淹没了原有河流中的鱼类产卵场等重要栖息地，会使鱼类资源衰退、鱼类种群遗传多样性下降。鱼类增殖放流是有效缓解水电工程对鱼类资源不利影响的主要措施之一。大渡河流域已建成瀑布沟黑马、猴子岩鱼类增殖站。截至 2021 年 7 月，瀑布沟黑马鱼类增殖放流站共计放流鱼苗 887.45 万尾；猴子岩鱼类增殖放流站放流鱼苗 136.5 万尾。

（1）放流效果监测探索

通过运用体外标记、体内标记、化学标记、分子标记、超声波遥测等技术监测鱼类放流效果。针对不同种类、不同规格、不同习性的放流对象，探索合适的种苗标记手段，研发适宜的标志技术，提高标记放流成功率和效果评价的准确性。

（2）放流效果评价探索

利用调查数据，重点分析放流种类的资源密度、种群结构、摄食状况及迁徙规律等相关信息，掌握鱼类行为及变动规律，科学评估渔业增殖资源量。探索大渡河增殖放流效果评价体系，为流域鱼类资源增殖放流方案的决策与适应性管理提供科学依据。

8.2.3　水质动态监测与异常预警技术

为客观评估和了解梯级水电站运行对库区及下游河道水环境的影响，预防和应对突发性环境污染事件，大渡河流域建设了覆盖流域库区、河道的水质动态监测站点，并建立了水质异常预警平台，实现水质在线采集、数据存储、异常预警等功能。

（1）流域水质动态监测站网布设

大渡河流域拟初步建设 8 个水质监测站点，监测范围覆盖猴子岩水电站、大岗山水电站、瀑布沟水电站等梯级水电站的库区及下游河道，已形成较为系统的流域水质动态监测站网。水质监测指标主要为浊度、pH 值、溶解氧（DO）、总氮（TN）、总磷（TP）、化学需氧量、高锰酸盐指数等。监测站水质监测工作采用传统采样测量和在线采集测量相结合的方式进行。

（2）水质在线采集

以瀑布沟水电站为例，建设浮式智能环境监测台，重点监测入库与出库断面水质情况，配合卫星通信技术，实时采集和远程传输水环境监测数据，重点分析库区水质变化趋势。

智能监测浮台采用船用碳钢制造工艺，设计起吊环和侧拉固定环方便运输和水上固定。浮台表面搭载监测所需设备，并配备光伏太阳能发电板，配套锂电池对设备进行供电；搭载北斗短报通信设备，可在无基站网络覆盖的河流上采集数据上报至服务器，亦配置基站网络通信设备，通过基站同步上报发送数据，上报间隔可在 1～60min 灵活设置。

（3）水质预警应用

目前，大渡河流域已基于水质监测数据拟定了一套水质在线预警应用，可在流域电站梯级分布图的基础上，展示各梯级水质监测断面和污染物排放监测点的位置、分布和数量信息，以及各监测点的水质数据信息。同时，可根据设定的水质超标阈值，实时发送异常水质预警信息。此外，大渡河流域也在积极研发内嵌水库-河道水动力水质耦合模型及基于神经网络等大数据算法的高级水质预警应用，实现流域水质趋势预测、污染溯源分析、突发环境事件应急响应决策等功能。

8.2.4 水库水温实时监测与智能管控探索

随着大渡河干流梯级水电开发，部分水库建成运行后会对原天然河道水温的时空分布产生了一定影响，会使库区水体在垂向上形成水温分层，其强弱程度随季节变化呈规律性更替。为系统掌握水库运行对库区水温结构、坝前水温分布和下泄水体水温相关关系，充分了解水电站运行对河道水温的影响，大渡河流域开展了水库及下游河道水温实时监测与智能管控探索。目前已在瀑布沟水电站、大岗山水电站、猴子岩水电站开展了水库坝前水温及下游水温在线监测工作。

（1）水温在线采集

大渡河流域采用国内先进的水温测报技术和自动化仪器设备，建立了水库坝前及下游河道水温采集系统。该系统具有较高的监测精度和时效性，由水温在线遥测仪和数据接收中心站构成，如图 8.1 所示。

水温在线遥测仪由测温传感器、遥测终端（RTU 控制器）、通信设备、电源等单元设备组成。根据现场踏勘情况，分别在坝前、坝下选取典型区域布设在线监测断面，坝前水温监测采用浮标船定位测温垂线，浮标船水下悬吊多个深水水温传感器及水下专用电缆，进行测点水温的自动采集。采集到的监测数据送入遥测设备进行数据处理、

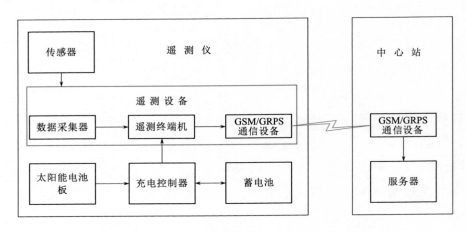

图 8.1　在线遥测站和数据接收中心站构成图

存储。遥测站采用太阳能浮充蓄电池供电，动力供给无地域限制，方便遥测站布置。

　　水温数据接收中心站由数据接收服务器、GSM 通信模块、不间断电源、交流充电器、交流电源避雷器等组成。通信设备将数据以 GSM/GPRS 形式发送至中心站接收装置，数据存入中心站后台服务器中，并实时传输至大渡河大数据平台。中心站采用外接交流供电方式，并配以 UPS 不间断电源预防停电等事故。

　　（2）数据库管理

　　在线水温数据采集完成后，通过数据抽取、清洗、转换、传输四个步骤将数据汇集存储于大渡河大数据平台之中。

　　（3）水温实时监测与智能管控平台

　　水温实时监测与智能管控平台不仅实现了梯级电站水温监测断面和点位 GIS 图展示，还可通过数据加工、数据挖掘，实现历史下泄水温、库区及下游河道水温统计分析、水温分布图展示等功能。该平台根据库区水温结构与下泄水体水温的变化情况，演算、解析水库运行对河道水温的影响程度和规律，为进一步优化和补充减缓水库水温影响的环保措施设计、制定水温生态调度方案提供决策依据。

8.3   应用案例

8.3.1   枕头坝一级水电站鱼道过鱼效果评估

大渡河流域建成投运的流域第一座竖缝式鱼道，枕头坝一级水电站鱼道，总长 1228.25m，上下水头差 34m，采用竖缝式横隔板鱼道槽身，是世界高水头竖缝式鱼道工程设计和建设的先行者之一。

枕头坝一级水电站鱼道设计以裂腹鱼（齐口裂腹鱼和重口裂腹鱼）以及青石爬鲱、大渡白甲鱼等珍稀特有鱼类为主要过鱼对象。鱼道建成过后，利用视频观测分析、PIT 跟踪标记的方法对过鱼效果进行了智慧化监测评估。经视频监测装置观察，在 2017 年 4—7 月间，鱼道内共过鱼 453 尾；2018 年 3—9 月间，鱼道内共过鱼 121 尾。观察到的鱼类既包含蛇鮈、青石爬鲱、白缘鿃、纹胸鲱、鰕虎鱼等攀爬吸附生活的鱼类，也包含裂腹鱼、鲤、鲫、白甲鱼等底层生活型鱼类以及喜欢生活在水体中上层的鱼类鳘。鱼道过鱼种类占坝下鱼类种类总数的 52.83%，坝下优势种均能顺利进入鱼道，主要过鱼对象（齐口裂鳆鱼和重口裂鳆鱼）均能正常通过鱼道；鱼道无明显个体选择，鱼道内过鱼对象体长分布范围为 2.2～39cm，可适应多种规格鱼类上溯，鱼道实际通过效率为 71.7%。持续性的观测结果表明枕头坝一级水电站鱼道可为多种类型鱼类提供上溯洄游通道，且上溯呈现明显的昼夜差异，夜间上溯鱼类多，而白天上溯鱼类少。

为综合评估枕头坝一级水电站鱼道的过鱼效果和过鱼效率，大渡河流域进一步提出了协调电站运行和过鱼效果的运行管理方案，为枕头坝一级水电站生态调度、鱼道运行以及大渡河后续梯级开发过程中过鱼设施的研究、设计、运行和管理提供了智慧化成果的借鉴。

8.3.2   瀑布沟水电站水库水温实时监测分析

瀑布沟水电站是大渡河流域水电梯级开发的下游控制性水库工

程。大坝最大坝高 186m，总装机 330 万 kW，水库正常蓄水位 850m，相应库容 50.64 亿 m³，水库面积 84.14km²，为不完全年调节水库。

　　瀑布沟水库是典型的高坝大库，具有季节性水温分层现象。为了实时掌握和管控水库及河道水温，瀑布沟水电站已建成了水库坝前水温及下游水温在线监测系统，坝前及下游水温的连续观测断面仪器记录间隔频次为 1 小时，每天整点采集，已实现了水温数据的格式统一、快速传送、集中接收和远程传输存储。目前，大数据平台已实时记录了 2013 年瀑布沟水电站运行以来库区及下游河道逐日逐时的水温数据。水温实时监测与智能管控平台正常运行，已实现了电站水温监测断面和点位 GIS 图展示、监测数据实时显示和下泄水温统计图、库区水温分布图展示。应用长期监测的大量水温监测数据和智能管控平台内嵌的立面二维水温数据模型，成功分析了不同时期水温结构、水温分层特性（温跃层变化情况等）及坝前垂向水温变化规律、坝前水温分布和下泄水体水温相关关系、下泄水温的延迟程度等，为实现库区水温智能化管控奠定了基础。

8.3.3　流域水电站群生态流量管控

　　大渡河公司在干流建成运行的 8 个梯级水电站都分别设置了生态流量下泄在线监测设施，实时监测水电站下泄流量数据，视频监控泄水口实况，实时将现场信息远程传输至当地水利监管平台及大渡河流域公司自建的大渡河流域生态流量远程监控管理平台，实现企业实时监控与行政主管部门实时监管的数据共享与对比分析。

　　基于大渡河流域生态流量远程监控管理平台，设置了生态流量下泄预测预警指标体系，根据预警分类级别，以手机短信告警各层级管理人员。基于该平台，可从泄放达标率、设备在线率、不达标自动报警率来考核评估生态流量下泄情况，为下游水生生态保护及生态调度研究提供技术支持。

第 9 章

企业管理智慧化

大渡河公司在注重数字化、网络化、智能化等新兴技术应用的同时，还同步推进企业管理变革，岗位、机制、组织等同步变革优化，从而实现工业化、信息化与管理现代化的融合。

9.1 规划关键路径

大渡河公司系统性规划水电企业智慧化建设，提出了业务量化、集成集中、统一平台和智能协同的关键路径。

9.1.1 业务量化

通过科学设定标准、量化工作任务，实现精益化企业管理。即：运用智能设备和物联网技术，实时采集、传输、处理各类信息数据，实现对企业各种要素的动态感知。通过将企业的各项业务全面数字化，使企业从过去定性描述、经验管理，逐步转变为数据说话、数据管理。

业务量化既是一种让企业管理可度量的科学管理思想，也是企业得以"用数据说话"的基础。没有业务量化这一基础，任何数据分析及其衍生的智慧能力将无从谈起。大渡河公司的做法，概括来说，就是将业务全面量化为可采集的实时数据，不仅包括水电生产过程中的设备，还包括生产的环境、人的活动、管理的流程。比如，大渡河公司还通过探索对员工思想状态的量化感知，实现了思想政治工作从感性的被动感知到主动量化预测预警管理的转变。

9.1.2　集成集中

通过整体规划、系统整合、数据集中、集成运行等策略，消除业务系统分类建设、条块分割、数据孤岛的现象。

集成集中是为了解决传统信息化阶段的遗留问题并杜绝再犯。大渡河公司作为流域水电企业，分散在大渡河流域上偏远地区的下属单位很多。以前，各个单位几乎都有自己的服务器机房，并部署各自的数据库、开发各自的应用软件，如生产管理系统、工程管理信息系统、档案系统等，企业的信息化建设重复太多，造成极大资源浪费，并且各系统从空间距离和专业程度都存在隔阂，产生了系统割裂和数据孤岛的问题，直接导致了信息滞留、重复操作等问题。所以，很多信息化建设不仅没有提升效率，反而增加了人的重复劳动。意识到上述问题，2015年开始，大渡河公司整合原有信息化基础设施，建立企业级大数据中心，替代原有分散、独立的各基层单位机房，实现了全公司系统IT资源的集成集中和统一管理。在后续的智慧化建设过程中，大渡河公司始终坚持集成集中，规划优先、架构引领，所有的新增的系统都必须在统一规划的蓝图范畴内，蓝图包括业务架构、系统架构、数据架构、技术架构、项目路线图，甚至统一运维策略，从而保证建设过程能够系统、有序地推进。

9.1.3　统一平台

实现各类专业口径的数据标准化，并在统一运用平台上相互交换、实时共享，为大数据价值的持续开发利用提供支撑。

统一平台的直接目的是开发并利用数据。在经由业务量化和集成集中之后，大渡河公司进一步考虑如何将庞大分散的数据聚合在一起，并为业务端所用；考虑如何发挥数据的驱动价值去支撑企业管理。2014 年以前，大渡河公司各业务板块信息系统建设相对独立，数据标准也不统一，数据共享存在壁垒，数据资产利用率低。2015 年，在企业大数据中心基础上，通过统一规划、数据治理、集中管控，建立了企业大数据平台，有效解决了上述痼疾。

9.1.4 智能协同

通过对大数据的专业挖掘，创建各类智能化应用模型和算法，形成自动识别风险、智能决策管理及多脑协调联动的"云脑"（包括单元脑、专业脑和决策脑），对企业进行管理，实现人、系统、设备之间的智能协同。

大渡河公司智慧化运行与管理的内核，就是在物理企业之上构建一个数字企业，对数字企业进行管理、决策和指挥的就是基于人工智能算法的企业大脑。大渡河公司基层单元建设了运行单元脑，在机关构建各类专业数据中心（专业脑），在公司决策层面构建与全公司数据中心互通互联的决策指挥数据中心（决策脑），实现了业务的纵向贯穿和横向协同，也实现了人与设备、系统、算法的有机协同。比如，在单元脑层面，针对传统水电各系统之间的点对点控制方式以及网络复杂、功能单一等不足，大渡河公司不仅开发了电站综合数据平台，实现各系统互联互通，在此基础上还开发部署了水电站多系统智能联动组件，实现监控系统、通风、消防、视频监控、闸门控制等多个核心系统的主动调控和智能协同。

9.2 确立重点任务

大渡河公司在明确关键路径后，紧接着确立了两项重点任务：一是实现物理企业与数字企业的融合；二是实现人与智能设备、系统的协同。

9.2.1　物理企业与数字企业融合

大渡河公司首次提出并实践了物理企业与数字企业融合的智慧化运行与管理的模型。不同于德国工业 4.0 面向生产线及设备的数字孪生，大渡河提出的是对整个企业管理形态的数字孪生，即在保留物理层级组织架构基础上，以核心业务的数字化改造和职能部门的专业整合为主，逐步变革管理体系要素，构建层级管理＋数据驱动"双轨制"的运行机制，逐步提升数据驱动管理模式对原有管理体系的支撑。其智慧化运行与管理的运行机理如图 9.1 所示。

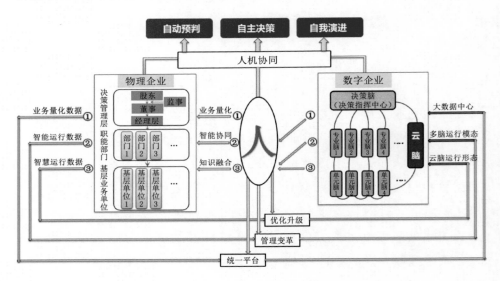

图 9.1　智慧化运行与管理的运行机理

从以上运行机理图中，我们可以看出，"人"在企业智慧化运行与管理中始终处于核心位置，在物理企业与数字企业之间构建了一种以人机协同为显著特征的三阶循环系统，让企业整体呈现层级管理与数据驱动管理相结合的状态，从而实现以自动预判、自主决策、自我演进为目标形态的流域智慧化运行与管理。

　　第一阶循环主要是通过人对物理企业的改造实现企业数字化转型。企业中的"人"（企业家和员工）在企业中推进精细化、标准化建设，采用先进的感知技术和传输技术，构建大感知、大传输体系，实现对企业"物"及"人的行为"的量化感知和集成传输；"人"对感知量化后的业务数据进行治理，构建统一的存储和运行管理平台，从而实现以企业大数据中心表现形式为特征的数字化转型。

　　第二阶循环主要是通过人对数字企业的开发实现企业智能化应用。企业中的"人"结合企业业务需求，对企业大数据中心的数据进行开发挖掘，在数字企业中构建各类智能模型（算法），形成大计算、大分析能力；"人"对数字企业各种模型（算法）在物理企业中运行产生的结果进行评估总结，并不断变革物理企业中的生产管理体系，使之与数字企业中的各种智能模型（算法）协同融合，形成与物理企业决策管理层、专业部门层、基层单元层相对应的决策脑、专业脑、单元脑等多脑协同运行模态为特征的智能化运行能力。

　　第三阶循环主要是通过人与智能企业的融合实现企业智慧化运行。企业中的"人"将自己的创新、创造和知识管理成果与智能化运行模型（算法）进行融合，不断优化升级运行模型（算法）和管理模式，从而使数字企业中的决策脑、专业脑和单元脑等多脑运行边界逐渐模糊，融为一体，呈现出云脑运行形态为特征的智慧化运行形态；智慧化运行成果又持续与"人"的知识反复融合，再次推进企业不断优化升级，产生一种周而复始的自循环状态，实现企业的自我循环和自我演进。

9.2.2　人与智能设备和系统协同

　　人与智能设备、系统的协同体现在四个层面。

　　一是生产一线的协同，即在一线生产的操作过程中实现人与智能设备交互协同。过去生产现场的操作，人和机器是分离且孤立的，一方面，机器确实可以替代部分人的重复劳动，但是一旦机器出现意外，需要立刻由人来进行挽救和替补，在连续生产的现场，这种补救的及时性十分重要；另一方面，在生产现场，人本身就是一个多变的要素，因而人为操作的合规性十分重要。智能终端是解决上述问题的有效手段，大渡河公司通过应用智能巡检机器人，实现了机器巡检和人工巡检的互补和协同，不仅提升了巡检的效率，还极大提升了巡检工作的精确性、有效性、柔性；大渡河公司还在生产现场应用了智能安全帽，人的行为的不确定性和不可控性大大降低，实现了设备运行和人员行为的高效协同。

二是生产链条的协同，即在流程、分工、组织等方面的优化协同。无论是数字化、网络化、智能化还是智慧化，其转型的目的都是为了实现组织的高效，而不是某一个业务环节、一个简单部门的转型。为了实现这一目标，就必须把整个组织的齿轮咬合起来，这一过程的载体就是流程、分工，甚至整个组织结构。所以，大渡河公司在生产一线实现协同之后，进一步调整了生产链条上的分工，如通过流域指挥中心建设，取消电厂中控室；通过流域库坝运行安全中心建设，取消各电厂水工班组。他们分别使得生产流程减少了约 120 人和 150 人，生产链条得到优化。

三是管理体系的协同，即要求企业管理持续变革升级。以大数据和人工智能为代表的数字技术的广泛应用，必然会带来人、机、物三元融合的新的生产方式和生活方式，对于企业来说，就是新的组织方式，即管理体系。大渡河公司通过合并机关部门，转变机关职能，成立大数据服务公司，建立创新工作站，将员工从艰苦环境条件下的运行操作岗位解放出来，让更多的员工得以从事创造性的工作，整个组织的创新能力得到大幅提升。目前已经有 12% 的员工转岗到与数字化相关的业务中，组织与管理呈现出全新的面貌。

四是生态链上的协同，即要求企业从封闭的企业边界走上开放的产业生态。这是数字经济时代发展的必然要求，基于数据的流通打破产业壁垒，实现产业数字化和数字产业化。大渡河公司成立科技平台公司，构建面向行业的数据服务平台，打造专业服务能力，为业界提供资源、能力共享服务，在地质灾害预警、气象水情预报、电力市场大数据分析、设备健康状态评价、智能装备、应急抢险等方面初步形成了共享、融合、协同的生态。

9.3 积极探索实践

9.3.1 传统管理阶段

大渡河公司成立于 2000 年，以大渡河上建成的龚嘴、铜街子电站为"母体"，对大渡河流域水电资源实施全面开发，为四川经济发展提供能源保障。公司的传统管理可以分为 3 个阶段：

（1）母体电站建设运营阶段（1964—2000 年）

大渡河流域最早的水电站是龚嘴水电站，于 1966 年 3 月开工，1971 年 12 月第一台机组发电，1978 年全部建成投产，成为大渡河公司最早的"母体"电站。

为了促进社会主义经济的全面发展，深入推进改革发展，进一步推动电力工业的快速发展，缓解四川严重缺电的局面，由政府牵头集中资金，动工兴建了铜街子水电站，1985 年正式开工，1992 年 12 月第一台机组发电，1994 年 12 月工程全部竣工。

为积极响应国家"西部大开发"和"西电东送"的战略，发展四川水电支柱产业，四川省电力公司和国电电力发展股份有限公司决定对龚嘴水力发电总厂进行资产重组，使龚嘴水力发电总厂在电力体制改革中走在了水电厂的前列，朝着"厂网分开、竞价上网"的改革目标跨出了重要的一步。2000 年 11 月 18 日，大渡河公司正式成立。

（2）流域滚动开发启动阶段（2001—2010 年）

新成立的大渡河公司，遵循集团公司"做实、做新、做大、做强"的八字方针，以瀑布沟水电站建设为起点，拉开了流域滚动开发的大幕，坚定不移地实施流域、梯级、滚动、综合开发，坚定不移地推进

"一个中心、三线并进"，流域开发的中心地位得以确立，电力生产、基本建设和综合发展三条战线始终保持了持续、快速、协调、健康发展的良好势头。

2001 年 12 月 27 日，瀑布沟水电站工程建设部挂牌成立，标志做流域滚动开发加速推进。瀑布沟水电站是国家"十五"计划开工建设项目，也是我国西部开发的重点项目之一。2009 年底，首批两台机组投运，次年电站机组全部投运。

2005 年 5 月，按照集团公司深化"三改"工作部署，原龚电总厂拆分为新的龚电总厂、流域检修安装分公司、龚电实业公司三家单位，初步形成"三分三运转"的新型电力生产管理模式。

2008 年 12 月 26 日，按照"统一规划、分步实施"的筹建原则，以构建纵向贯通、横向集成的企业级生产运营一体化集成平台，实现"流域统调度"为目标，大渡河流域梯级水电站集控中心投运，标志着大渡河流域统一调度时代的开始。

（3）加快推进流域开发阶段（2011—2013 年）

为适应新形势发展需要，公司从水电工程建设为主向管理经营企业转变，从干流开发运营向全方位水电开发投资转变，从单一发展水电向以水电为主的综合性企业转变，从专业化公司向开放的、负责任的社会企业转变，围绕"建设效益型、开拓型、创新型、和谐型的国际一流流域水电公司"的企业转型目标，加快大渡河干流开发，同时开展了深溪沟、大岗山、猴子岩、枕头坝一级、沙坪二级水电站建设，加大中小水电并购力度，完成了革什扎公司并购，并建设吉牛水电站，加快太阳能、风电、生物质发电及非电综合产业发展。

总体上看，到 2014 年，大渡河公司规模逐渐扩大，装机容量从 2000 年的 130 万 kW 上升至投产装机 592.0 万 kW，翻了两番；员工总数也从 2000 年的 1519 人增加到 2014 年的 2124 人，增长了近 40%；组织机构更加健全，流域化、专业化管理机制也逐渐成熟，这都奠定了大渡河公司在 2014 年以后爆发式增长的基础。

9.3.2　智慧化管理探索与实践阶段

大渡河公司智慧化的管理变革始于 2014 年。随着以云计算、大数据、物联网、移动互联网、人工智能等新技术的逐渐成熟并开始在企业中崭露头角，大渡河公司开始意识到以这些新技术为标志的数字科技革命正在兴起，在宏观上将改变产业结构和经济结构，极大地提升社会生产力；在微观上也将改变企业的管理模式，提升组织运行的效率，这些技术构成的新基础设施，必将在企业的运行与管理过程中占据不可撼动的地位。在这种背景下，企业在新的数字化时代的内外部环境都将发生革命性的变化，大渡河公司积极拥抱变化，主动发起转型，从文化转型开始，奠定了全员参与、整体变革的基础。从 2014 年至 2020 年，大渡河公司管理变革经历了三个阶段，如图 9.2 所示。

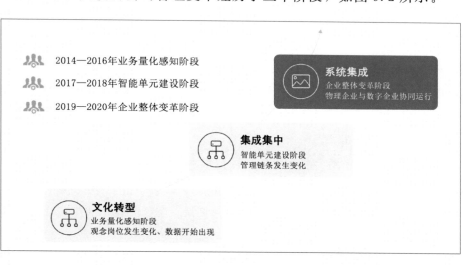

图 9.2　大渡河公司管理变革阶段

（1）文化转型，业务感知量化阶段

2014—2016 年，是大渡河管理变革的第一阶段，在这一阶段，大渡河公司进行了文化转型，以业务感知量化为目标，推动的人员岗位发生变化，这一过程特别注重战略引领和领导力提升、创新文化培育和全员参与。

1）注重战略引领和领导力提升。战略和领导力如同大厦的基座和屋顶，战略涵盖了管理变革设计的总体方向，领导力是转型的一切基础。大渡河公司建设"智慧企业"的战略就始于 2014 年。这一年，大渡河公司将管理变革的思维不再局限于水电行业，而是召集不同行业的专家，邀请代表中国顶尖水平的不同领域的院士，共同参与研究智慧企业理论。

随着智慧企业理论研究深入，智慧企业的愿景被描绘出来，"业务量化、集成集中、统一平台、智能协同"的转型路径被提出，从而让管理变革有了明确的方向，随即成立了智慧企业建设领导小组，由企业一把手主持的管理变革正式拉开了序幕。

2）注重企业创新和企业文化这两根支柱。支撑战略的，是企业创新和文化两大支柱，缺少了这两根支柱，就无法撑起管理变革战略的实施，管理变革就会在持续不断的调整与平衡的震荡中，沦为平庸。大渡河公司深知，无论是创新还是文化，都非一日可形成，需要与员工长期的心理惯性、思维惯性和行为惯性做抗争。为此，大渡河公司成立了"青年创新工作站"和"智慧企业沙龙"，成为了缔造和传播创新文化的两大利器。

首先，青年创新工作站和智慧企业沙龙，为大渡河公司构建了全新的创新文化网络，青年创新工作站成为启发创新的摇篮，让公司涌现出一批由青年员工牵头研发的创新成果；智慧企业沙龙成为打破传统稳定性的利刃，通过每周一次的沙龙，让各种创新的观点集中碰撞，让全体员工自发地开始谈论智慧企业，创新文化开始蔓延开来。

其次，大渡河公司传统的管理方式开始发生变化。企业常规的运行方式是企业文化最一般的表现形式，企业处理业务的一般方式则是企业员工行为模式的表征。基于创新文化的贯穿和智慧企业统一愿景的传达，大渡河公司激发了员工为智慧企业管理变革做出贡献的热情，从而影响了日常工作方式，最终对企业运行方式产生影响。员工关注的重点开始从事务处理转向关注业务本身，更加关注如何感知和量化业务，进而迈向集成集中、统一平台和智能协同路径，成为全体员工的共同命题。

3）注重引领全员参与的行动。无论是战略还是文化的贯彻，在这一阶段要达成的目标，就是实现全业务的量化感知。创新和文化是铺垫和载体，全体员工从自身的工作岗位开始，自发的寻求数字科技的帮助。通过对各业务对象的编码、状态量的设计、风险点的采集，使得业务变成了一个个可以度量的数据，从而让大数据和人工智能等技术有了用武之地，也从而让原有的岗位角色有了一分为二可能，一半交给机器，一半交给人。

人员的工作重心逐渐发生变化。最后，岗位开始调整，组织结构逐渐开始变化，管理变革的实施水到渠成。

（2）集成集中，智能单元建设阶段

2017 年和 2018 年，是大渡河管理变革的第二阶段，在这一阶段，大渡河公司进行了集成集中的转型，以智能单元建设为重点，推动的业务链条发生变化，这一阶段最重要的成果是以数据为中心的新的企业管理"大脑"的出现。

智能单元的建设，是大渡河公司管理变革从岗位的"点"转向业务链条的"线"和管理链条的"面"的过程。在这一阶段，大渡河公司本部和流域各层机构改革全面展开，从传统金字塔式的稳定型组织结构逐渐建设演变成"一中枢、多中心、四单元"的柔性组织架构，建成了 21 个数据中心和四大单元，共 25 个智能单元。

这 25 个智能单元的建设过程，是一段将数字科技与业务深度融合的过程。各智能单元打破传统职能部门条块分割的边界，以数据的方式重新组织起来，相应地，人也围绕数据重新组织起来，使得企业的业务流程与数据流程交织交融，从而形成了一股全新的数据驱动的业务、管理和决策的能力。

1）建立 21 个数据中心实现全局赋能。在决策指挥层面，建立了 1

个决策指挥中心，主要通过汇集全域数据，有效感知公司重大风险，实现公司"三重一大"及重要生产经营指标的全过程管控，异常原因的动态分析，并建立健全公司地质灾害、防洪度汛、群体事件等应急事件智能决策指挥支持体系，最终实现"重大风险智能管控、重大业务过程管控、重大决策智能支持"

在专业部门层面，建立了 20 个专业数据中心，进一步可分为业务链条、管理链条和数据服务。

业务链条上，基于以大数据和人工智能为代表的数字科技，将长期以来的知识沉淀进行价值挖掘，大渡河公司建立了 8 个数据中心提升专业管控能力（包括工程管控数据中心、地质灾害预测预警中心、流域生态环境监控中心、设备管控数据中心、大坝安全管控中心、气象水情数据中心、电力市场数据中心、安全管控数据中心），甚至对外赋能，基于先进的智能算法，提升相关行业的专业水平。8 个数据中心的成立，打通了电力生产运行与公司本部管控，分散在大渡河流域的生产现场数据能够集成集中于 8 个数据中心，实现水电生产运行与管理的纵向贯穿。过去分散在大渡河流域的物理电厂及其代表的产能，在 8 个数据中心实现集成集中，这同时意味着，分散在不同管理链条上的组织人员及其代表的专业能力，也能够打破传统组织与层级的束缚，在数据中心的指挥下实现集成集中，整个生产运行过程，基于数据驱动实现了全流域范围内的资源优化。

管理链条上，传统的"人财物"及其他公共管理本身是为企业服务而设计，但随着企业的长期运行，很容易出现僵化，复杂的流程和报表为员工带来额外的负担。大渡河公司将管理回归到业务赋能的本质，建立了 11 个专业数据中心（包括智慧党建中心、人力资源数据中心、物资管控中心、财务共享中心、采购与合同数据中心、纪检监察数据中心、审计数据中心、法律事务中心、车辆管控中心、数字楼宇中心、数字档案中心），用智能化的算法和流程取代重复的操作型工作，并基于数据分析实现更好的企业服务。管理链条上的 11 个专业数据中心，成为了企业 11 个价值服务单元，与业务链条上的 8 个价值创造单元一起，呈现出初步的智能协同的局面。这 11 个专业数据中心肩负着实现职能集中管控、打通信息交换壁垒、优化资源配置等责任，是企业运行与管理的辅助和支持者，这是企业管理能力的集成集中，虽然管理链条对企业并不产生直接的经济效益，但随着传统职能部门间分散的流程被统一起来，各数据中心使得传统职能管理实现从管理向服务的转变，间接价值链能最大限度地实现向直接价值链的赋能，管理本身的价值得到了进一步的提高。

在数据服务上，建立了 1 个大数据中心，为以上全部数据中心提供统一的数据服务。

依托于以上 21 个专业中心的建设，员工的角色与分工逐渐向专业数据维护应用以及创新产品研发转变；管理流程实现了优化，专业化、集约化管理和关键领域、关键环节的集中管控，改变以往专业方案由基层到机关层层提交、逐级审核的传统模式，有效提升了工作效率与管理水平。

2）建立四大单元推动价值创造。大渡河公司根据的业务特点，将公司业务划分为智慧工程、智慧电厂、智慧调度和智慧检修四大单元，通过深度融合物联网、移动互联、人工智能等先进技术，实现多系统联动和全面感知。

四大单元的建设为大渡河公司生产运行模式带来了显著的改变。一方面，组织机构实现了精简压缩，按照分批、分类推进的原则，根据专业化集中程度，优先开展了安全监测、发电调度、经济运行以及计算机网络等专业化整合，基层电厂不再设置检修、调度、水工观测、网络信息等部门及班组，实现了上下无层级统一管理；另一方面，生产人员也在不增加人数的情况下实现提质增效，基于智能化设备运用，涉及设备日常巡回、定期安全监测等重复性大、风险性高、技术含量低的工作逐步交由机器人完成，涉及经济运行方案优化、梯级发电负荷调整、机组健康状态评价等工作，依靠大数据精准计算，交由智能系统进行决策，智能协同的出现，使得机器和人的价值都发挥到极致。

（3）系统集成，企业整体变革阶段

2019 年和 2020 年，是大渡河管理变革的第三阶段，在这一阶段，大渡河公司进行了系统集成的转型，以企业整体变革为核心，推动数字企业的出现，这一阶段最重要的成果是物理企业和数字企业的整体协同运行，企业整体面貌向着人机协同的模式转变。

随着智能单元的建设，大渡河公司"一中枢、多中心、四单元"的组织模式逐渐成熟，开始在更高的系统层面建设智能协同，从"面"的转型向"体"的转型演变，成立了专业化的"大数据公司"。这意味着大渡河公司在实现企业的纵向贯穿、横向协同之后，各智能单元也进一步集成起来，通过大数据公司为各智能单元提供以数据技术为核心的统一服务，数字企业的基础设施得到了夯实，数据驱动得以贯穿于整个企业，是企业系统性的变革，催生了大渡河公司智慧化运行的全新模型。

大数据公司集中运营管理大渡河的水电全产业链数据资源，为各专业数据中心提供数据治理、数据挖掘、数据产品、数据运营等一体化专业数据服务，构建了企业级的数据资源池，实现多源数据融合，不断沉淀各专业数据中心资产，为大渡河公司数字企业建设保驾护航。随着智慧企业建设的动态演化，大数据公司对内全面负责大渡河公司及所属单位的数据业务，负责对专业脑、单元脑和决策脑等数据中心提供研发、服务、维护、保障，为业务管理提供强有力的信息化支撑；对外负责总结大渡河公司智慧企业建设成果，并进行成果转化和技术输出。

大数据公司的成立，代表了大渡河公司从管理变革走向了体系变革，这一阶段，大渡河公司整体变革的重点，是打通数据连接，数字企业开始呈现，并与物理企业协同运行。

整体上看，大渡河公司是在传统有层级的"物理企业"的基础上，构建与之对应的无层级的"数字企业"，通过有层级的"物理企业"与无层级的"数字企业"智能协同融合，从而使水电企业呈现自动预判、自主决策、自我演进的"三自"智慧化运行状态。大渡河公司智慧化运行模型如图 9.3 所示。

图 9.3　大渡河公司智慧化运行模型

"数字企业"主要围绕打造战略决策层的决策脑、经营管理层的专业脑和生产运行层的单元脑，通过"三脑"之间的数据实时交互传输打通管理全链条，构建"三脑"协同运行模态，推动数字企业高效运行，实现数据驱动、智能协同，为物理企业决策管理提供决策支撑。

"物理企业"和"数字企业"之间，主要围绕信息化、工业化、管理现代化"三化"的深度融合，推动企业生产更智能、组织更柔性、管理更科学，从而使企业实现风险识别自动化、决策管理智能化、纠偏升级自主化的智慧化运行。

9.4　建设成效初显

从 2014 年至 2020 年，大渡河公司管理变革取得了实质性的成效。2014 年年底，大渡河公司投产水电站 5 座，投产装机容量 587 万 kW。2019 年年底，投产水电站 9 座，投产装机容量达到 1134 万 kW，公司总人数从 2498 人减少到 2148 人，电站数量和装机容量翻番，人员反而减少 14％，全员劳动生产率提高 75％，如图 9.4 所示。

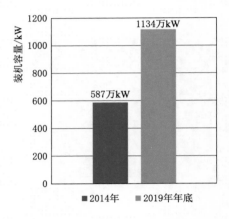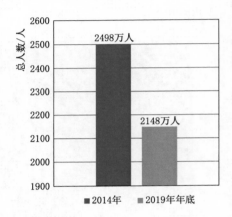

图 9.4　大渡河公司装机容量与总人数统计

经过三个阶段的管理变革，智慧化运行的优势也逐渐显现。

（1）管理模式由层级制向中心制转变

围绕智慧企业"一中枢、多中心、四单元"顶层设计架构，深化管理体制变革，推进流程机制再造。优化整合机关与基层相关专业机构，在公司本部建立 21 个专业数据中心，在双江口、金川等在建工程中按照中心制架构推进智慧工程建设，形成更加专业化、扁平化的管理模式，打破传统层级间、部门间的管理壁垒，促进人力资源优化、管理机构精简。

（2）生产管理由人工化向智能化转变

创新运用了自适应无人碾压、心墙料智能掺合、工程动态设计等多项新技术，提升了施工现场智能化管理水平，相关研究成果经专家鉴定为国际先进水平。采用空中无人机、水下机器人以及智能无人船等技术手段，开展库区泥沙淤积以及高边坡稳定监测。大力推广自主研发的智能机器人、多系统联动平台、3D 数字厂房等创新技术，有效减少各类重复性大、风险性高、技术含量低的工作。建立了"无人值班、少人值守"的现代化生产模式，科学制定经济运行方案、智能

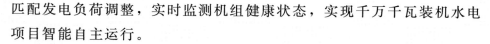

匹配发电负荷调整，实时监测机组健康状态，实现千万千瓦装机水电项目智能自主运行。

（3）决策指挥由经验化向数据化转变

研发流域电站经济调度控制（"一键调"）技术，将以往省网调度对单一电站、单一机组下达负荷指标，转变为向多个电站群下达负荷总指标的模式，一年减少约3万次负荷调节的工作量，实现三站全年负荷调节零干预。通过定量降水预报、洪水资源化利用、智能调度决策支持、经济调度控制等先进研究成果的应用，大幅提升企业发电效益。建立了设备在线状态检测平台，开展设备运行大数据分析，对机组进行在线监控与实时诊断，提前预判设备运行健康状态，及时部署检修方案与策略，设备等效可用系数提高约10%。

（4）风险防控由被动式向预判式转变

在设备管理中应用智慧检修系统，实现设备健康状态客观评价，并对设备健康变化趋势进行预判，从传统的计划检修向预测预判的智慧检修转变。在预报调度中充分运用高精度水情气象测报手段，量化分析流域汛情与雨情信息，自动推演洪水调度过程，为防洪调度提供决策依据。在地灾防控中，充分利用地灾预测预警技术，多次实现大渡河流域地质灾害预测预警。

（5）职工队伍由生产型向创新型转变

积极培育创新型、复合型电力人才队伍，激发各类创新主体活力，推动生产人员工作重点由传统倒班运行向风险管控、应急处置、大数据运用、创新产品研发等转变。坚持围绕水电主业，打造企业数字化转型、边缘计算、智能应用、工业互联网、节能环保、安全管理大数据六大产业赛道，成功孵化了智能巡检机器人、智能安全帽、智能钥匙等创新产品，打造了经济效益预期增长点。大渡河公司于2000年成立，2014年开启智慧化运行管理智慧化探索与实践，五年来累计获得知识产权授权350项，是前15年知识产权授权的5.6倍；组织主编、参编国家及行业标准39项，实现了主编、参编标准"零"的突破；获得国家级与省部级科技进步奖 65 项，是前 15 年之和的 1.1 倍。

9.5　未来十年展望

随着大渡河公司物理企业和数字企业整体智能协同模式的完成，意味着大渡河公司已基本完成了基于新一轮数字化技术基础设施的新型企业管理能力的建设，下一步将迈入业务赋能和创造迸发的全新阶段。以持续提升"人的自我价值实现"为目标，大渡河公司形成了2021—2030 年未来十年的规划与展望。

（1）第一阶段：三年内现场管理单元和生产运行人员压缩三分之一

这一阶段的重点，是智慧电厂的建设。大渡河公司很早就启动了智慧电厂的相关规划，并牵头编制了"智慧水电厂技术导则"等行业标准，在智慧电厂的建设上处于行业领先地位。在这个基础上，大渡河公司提出了"智能自主，无人电站"的构想，其根本目的是在保证电厂高效运行的情况下，将运行单位人员从基层艰苦的生产环境中解放出来，大渡河公司已经有了成熟有利的条件。比如：电站设备和系统智能自主运行能力初步成型，人工作业任务大大减少。电站感知能力得到增强，基本建成空天地人物一体的全方位立体式感知能力，数万只眼睛在协助运行人员提供监视和预判能力。电厂运行认知能力通过数据分析能力已经逐步建立起来，整体生产管理模式由周密保障模式转为风险应对模式。

基于以上成果，大渡河公司的运行单位已经开始了向"智能自主、无人电站"运行模式的调整。目前，已有电厂将传统的运维班组整合为两个灵活的部门，分别承担智能自主能力提升和无人电站风险应对能力提升两大责任。随着两大能力的提升，大渡河公司可进一步实现在三年内运行人员压缩三分之一的目标：将运行单位的职能部门进一步合并，全面推进"远程云端办公"；组建现场分部，负责现场应急处置等工作；日常工作均可在成都的大渡河本部开展，根据需要安排人

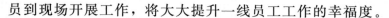

员到现场开展工作,将大大提升一线员工工作的幸福度。

(2) 第二阶段,五年内现场管理单元和生产运行人员压缩一半

随着电站智能自主能力和无人电站风险应对能力的提升,大渡河公司可进一步基于电站在大渡河流域的分布,将电站整合为上、中、下游的区域电厂,实现"1+3"的区域电厂运行模式。

"1":一个位于大渡河公司本部的集中统一的生产调度指挥中心。负责全流域的运行监视、生产调度、经济运行,实现动态工况下,设备检修策略的灵活机动安排和快速应急指挥。

"3":三个区域电厂管理中心,分别管理大渡河流域的上游电站、中游电站和下游电站。各电站实现最小规模值守,在区域电厂管理中心范围内实现动态轮换巡回。三个区域电厂管理中心分别设置在面向该分管区域所有电站可快速交通抵达的最佳位置,成立检修和应急抢修的特种作业分队,实现区域内各厂站人员的灵活调配和动态支持。

这一阶段将彻底改变传统的固定值守、定期检修的生产运行和管理模式,实现了在有限人员条件下的人力资源最大化利用,基于专业融合、机动响应的设备管理特种分队,可大大压缩运行单位的机构和人员,将人员从一线工作中解放出来,转向从事分析、管理和决策等工作。

(3) 第三阶段,十年内取消现场管理单元和生产运行人员

随着数字科技的发展和大渡河公司物理企业与数字企业整体协同的运行,大渡河公司将逐步实现企业"自我纠偏升级"的高级目标,主要表现为:企业一切确定性的工作都将在数字企业中完成,人只需在数字企业的支持下,应对物理企业中的风险。企业管理最大程度上交由数字企业中的智能化系统来管理,从而物理企业中的层级得以全面消除。

在基层单位上,电站实现"智能自主、无人电站"的运行,得益于未来科技的发展,以人为主的检修和应急的作业分队都无需驻扎在电站附近,可基于科技快速对现场进行应急处置,现场只需储备相应

的物资资源即可。在这种条件下，大渡河公司将没有机关和基层的概念，所有人都能在成都舒适的环境下研究如何基于最新的数字科技为企业和自我赋能。电站在大山深处关门运行，偶尔有人去现场，不是为了操作机器，而是为了找寻更多的工作灵感，同时享受大自然的阳光、空气和美景，人在创造性的工作中追求自我价值的实现。

参 考 文 献

［1］　涂扬举. 智慧企业概论［M］. 北京：科学出版社，2019.

［2］　涂扬举，等. 智慧企业框架与实践［M］. 北京：经济日报出版社，2018.

［3］　涂扬举. 基于自主创新的智慧企业建设［J］. 企业管理，2018（5）：21－22.

［4］　涂扬举. 数据驱动智慧企业［J］. 企业管理，2018（2）：100－103.

［5］　涂扬举. 建设智慧企业推动管理创新［J］. 四川水力发电，2017，36（1）：148－151.

［6］　涂扬举. 水电企业如何建设智慧企业［J］. 能源，2016（8）：96－97.

［7］　陶春华，马光文，涂扬举，等. 主电力市场和旋转备用市场联合竞价策略［J］. 电力系统及其自动化学报，2006（6）：10－12.

［8］　包红军，王莉莉，沈学顺，等. 气象水文耦合的洪水预报研究进展［J］. 气象，2016，42（9）：1045－1057.

［9］　肖杨，袁淑杰，张碧，等. 大渡河流域降水时空分布特征［J］. 人民长江，2019，50（S1）：60－67.

［10］　罗玮，朱阳，陈在妮，等. 基于 WRF 模式的大渡河流域径流预报模型［J］. 南水北调与水利科技（中英文），2021，19（3）：469－476.

［11］　陈杰尧，陶春华，马光文，等. 基于数据挖掘与支持向量机的现货市场出清价预测方法［J］. 电网与清洁能源，2020，36（10）：14－19，27.

［12］　刘德旭，马光文，陶春华，等. PJM 电力市场交易价格分布特征及波动风险度量［J］. 电网与清洁能源，2020，36（9）：15－21.

［13］　张帅，陈仕军，马光文，等. 基于 DPBIL－SVM 混合模型的电力现货市场出清价预测研究［J］. 水电能源科学，2020，38（4）：197－200.

［14］　罗玮，钟青祥，顾发英. 大渡河梯级电站群实时负荷智能调控技术研究［J］. 中国电机工程学报，2019，39（9）：2553－2560.

［15］　李雪梅，钟青祥. 流域梯级水电站负荷智能调控模式研究［J］. 四川

水力发电，2020，39（6）：130-135.

[16]　王金龙，陶春华，马光文，等. 梯级水电站厂间 AGC 系统研究 [J].
中国农村水利水电，2013（9）：134-137，141.

[17]　陶春华，马光文. 电力市场环境下 AGC 成本研究 [J]. 华东电力，
2006（4）：5-6.

[18]　刘鹤，刘芬香，伍林. 水电站智能巡检系统设计 [J]. 水电站机电技
术，2019，42（12）：24-27.

[19]　唐勇，刘鹤，张力，等. 瀑布沟电厂智慧水电建设实践 [J/OL]. 热
力发电，2019（9）：156-160.

[20]　张思洪，江德军. 高精度地表三维位移自动化监测技术研究与应用
[J]. 长江科学院院报，2021，38（1）：66-71.

[21]　崔鹏飞. 基于 GNSS 及测量机器人的大坝安全监测研究——以枕头坝
水电站为例 [J]. 人民长江，2020，51（S1）：132-134，148.

[22]　李林，侯远航，郑建民，等. 基于全生命周期的水电站智慧检修创新
实践 [J]. 水电站机电技术，2019，42（12）：31-34，101.

[23]　巨淑君，黄会宝，冯涛. 大坝安全监测信息集中集成与在线监控管理
实践 [J]. 大坝与安全，2019（2）：42-46.

[24]　杨建林. 水电站检修项目管理与智慧检修在深溪沟电站的应用探究
[J]. 水电与新能源，2018，32（12）：65-67.

[25]　耿清华，马越，冯治国. 新形势下水力发电企业建设智慧检修的思考
[J]. 水电与新能源，2017（12）：44-45，64.

[26]　李灿，柯虎. 瀑布沟电站大坝外部变形监测自动化系统设计及应用
[J]. 水电与新能源，2016（10）：8-12.

[27]　耿清华，张海滨，冯治国. 水轮发电机组智慧检修建设探析 [J]. 水
电与新能源，2016（9）：8-12.

[28]　文豪，李俊富. 吉牛水电站坝体变形监测方案优化设计 [J]. 东北水
利水电，2014，32（11）：4-6，71.

[29]　百度百科. 大渡河（中国长江支流岷江的正源或最大支流）[EB/OL].
https：//baike. baidu. com/item/％E5％A4％A7％E6％B8％A1％E6％
B2％B3/3380？fr＝aladdin.

[30]　豆丁网. 大渡涛声话古今 [EB/OL]. https：//www. docin. com/
p-5746669. html.

[31]　百度百科. 峨眉山（中国佛教名山，世界文化与自然双遗产）[EB/
OL]. https：//baike. baidu. com/item/％E5％B3％A8％E7％9C％

89％E5％B1％B1/2676.

[32] 百度百科. 乐山大佛（中国 5A 级旅游景区）［EB/OL］. https：// baike. baidu. com/item/％E4％B9％90％E5％B1％B1％E5％A4％ A7％E4％BD％9B/142192.

[33] 百度百科. 贡嘎山［EB/OL］. https：//baike. baidu. com/item/％ E8％B4％A1％E5％98％8E％E5％B1％B1.

[34] 百度文库. 中国十三大水电基地详情（1）［EB/OL］. https：//wenku. baidu. com/view/28be89c26e175f0e7cd184254b35eefdc9d31557. html.

[35] 中国地质调查局网站. 大渡河流域地质灾害调查支撑地方防灾减灾 ［EB/OL］. https：//www. cgs. gov. cn/xwl/cgkx/201603/t20160309＿ 292264. html.

[36] 钟青祥，何红荣，罗玮，等. 大渡河流域梯级水电站集控中心"调控 一体化"系统的建设与运行［J］. 水电自动化与大坝监测，2014，38 （1）：63－66.

后　　记

　　水电运行与管理智慧化是基于大数据驱动的智能模型与基于人的经验知识的机理模型深度融合的新型运行管理范式，是水电企业应用云计算、大数据、物联网、移动互联、人工智能等新技术，实现企业转型升级的必由之路。希望通过本书，与社会各界共同探讨。

　　本书从提出、构思到编写、讨论、修改，历时近三年，经过反复修改，终于成稿。在编撰过程中，得到了 Biswas 教授、Cecilia 博士的鼓励与指导，也得到陈刚、晋健、郑小华、陶春华、杨庚鑫、黄玲美、刘菁、陈在妮、陈帮富、温伟军、马越、胡瀚尹、钟青祥、黄翔、王甫志、刘育、李光华、商春海等水电同仁的帮助，在此一并致谢！

　　本书内容和观点虽然经过多次深入讨论和修改，但由于涉及内容的范围宽、专业性强、研究难度大，加之编者的理论水平、眼界和视野有限，存在不少缺点和不足，甚至会有错误，敬请广大读者批评指正。

作者
2021 年 10 月